Eugene Matthews

Percepções dos agentes de polícia sobre os analistas de criminalidade

Eugene Matthews

Percepções dos agentes de polícia sobre os analistas de criminalidade

ScienciaScripts

Imprint

Any brand names and product names mentioned in this book are subject to trademark, brand or patent protection and are trademarks or registered trademarks of their respective holders. The use of brand names, product names, common names, trade names, product descriptions etc. even without a particular marking in this work is in no way to be construed to mean that such names may be regarded as unrestricted in respect of trademark and brand protection legislation and could thus be used by anyone.

Cover image: www.ingimage.com

This book is a translation from the original published under ISBN 978-3-659-85935-9.

Publisher:
Sciencia Scripts
is a trademark of
Dodo Books Indian Ocean Ltd. and OmniScriptum S.R.L publishing group

120 High Road, East Finchley, London, N2 9ED, United Kingdom
Str. Armeneasca 28/1, office 1, Chisinau MD-2012, Republic of Moldova, Europe
Printed at: see last page
ISBN: 978-620-6-14246-1

Resumo

Tradicionalmente, existem duas abordagens gerais para combater a criminalidade: reactiva e proactiva. O policiamento reativo ocorre quando os agentes respondem a chamadas de serviço, enquanto que o policiamento proactivo requer que os agentes actuem preventivamente antes da prática de um crime. O policiamento proactivo é mais eficaz quando são utilizadas informações credíveis de inteligência, e os analistas criminais são normalmente responsáveis pelo desenvolvimento de informações de inteligência. Pesquisas anteriores, no entanto, indicaram que os analistas criminais não eram percebidos favoravelmente pelos policiais. O presente estudo examinou as percepções dos analistas criminais pelos agentes da polícia, seguindo o modelo de aceitação da tecnologia (TAM). O TAM sugeriu que a tecnologia percebida como favorável, útil ou fácil de usar, era usada com mais frequência do que a tecnologia percebida como menos favorável, menos útil ou menos fácil de usar. O presente estudo inquiriu 178 agentes da polícia sobre a sua perceção geral dos analistas criminais e sobre a sua perceção em termos de utilidade e facilidade de utilização. Ao contrário de estudos anteriores, o presente estudo examinou o efeito da idade, do género, dos anos de serviço e do nível de educação dos agentes de polícia no que diz respeito à sua perceção dos analistas criminais. O presente estudo constatou que os agentes da polícia tinham, em geral, uma perceção positiva dos analistas criminais e, embora os anos de serviço não fossem um fator de previsão significativo, a idade e o nível de instrução eram estatisticamente significativos na correlação com a utilidade percebida pelos agentes da polícia e a facilidade de utilização percebida dos analistas criminais. Além disso, o estudo indicou que as mulheres agentes da polícia tinham percepções positivas significativamente mais elevadas dos analistas criminais no que diz respeito à facilidade de utilização e utilidade, em comparação com os homens agentes da polícia; no entanto, não havia um número suficiente de participantes do sexo feminino para validar as conclusões com base no género

Agradecimentos

Nenhum empreendimento desta magnitude é concluído sem o apoio de outros. Contribuir para qualquer corpo de conhecimento existente é uma tarefa assustadora, e garantir que as nossas contribuições são relevantes é sempre um desafio. Este é certamente o caso da presente dissertação.

Em primeiro lugar, gostaria de agradecer especialmente à minha comissão, os Drs. Deborah Gangluff, Jeffery Rush e David Ojo, que me orientaram, encorajaram e apoiaram ao longo deste percurso. Drs. Rodica Ghinescue e Mara Aruguete, cujo amor pelo específico me estimulou a olhar para além da superfície do "o quê" e a aprofundar o "porquê" das coisas. A vossa orientação e aconselhamento melhoraram a minha procura de excelência académica em tudo o que faço. Quero também agradecer ao Dr. António Holland, que viu em mim um potencial que eu próprio não tinha reconhecido e que, ao fazê-lo, me motivou a desafiar-me mental e academicamente para alcançar maiores realizações. Por último, quero agradecer aos Drs. Amy Nemmetz e George Ackemann, meus colegas cujas realizações nos seus respectivos campos serviram de farol para eu usar como guia na minha jornada para o sucesso.

Por último, mas nunca menos importante - nenhum agradecimento está verdadeiramente completo enquanto não se agradecer àquele que criou todas as coisas. Agradeço a Deus por me ter dado tudo o que precisava para alcançar tudo o que Ele pretendia.

Índice

CAPÍTULO 1

INTRODUÇÃO

Introdução ao problema

Nos Estados Unidos da América (EUA), espera-se que os agentes policiais mantenham a lei e a ordem, protejam o público que servem e combatam o crime (Walker & Katz, 2013). Tradicionalmente, havia duas abordagens gerais para combater o crime: policiamento reativo e policiamento proactivo (Schmalleger, 2009; Swanson, Territo, & Taylor, 2011; Weisburd & Eck, 2004). O método reativo é a resposta mais comum, pelo que a perceção do público em geral de que a polícia é um combatente proactivo do crime foi largamente distorcida (Skolnick & Bayley, 1986). No entanto, Skolnick e Bayley descobriram que o policiamento reativo é intensivo em recursos, e o policiamento proativo é a melhor abordagem. Uma abordagem proativa é usar analistas de crime para identificar padrões, séries, ou tendências e desenvolver recomendações para os oficiais de patrulha da polícia considerarem a fim de combater o crime. Ekblom (1988), Gottlieb, Arenberg, e Singh (1998), O'Shea e Nicholls (2002), Boba (2005), e Taylor, Kowalyk, e Boba (2007) concordaram que o valor da análise de crime é a capacidade de identificar padrões e tendências de criminalidade, para os quais os recursos de aplicação da lei podem ser focados. Estes e outros estudos, no entanto, também têm insinuado que a aplicação generalizada da análise criminal dentro da comunidade de aplicação da lei tem sido retardada ou prolongada devido, em parte, à falta de aceitação pelos agentes da lei.

O estudo proposto explorou as percepções e atitudes dos agentes de patrulha em relação aos analistas criminais, estudando a sua utilização e facilidade de utilização na perspetiva dos agentes de patrulha. Embora o pensamento convencional possa sugerir que os agentes de patrulha teriam percepções muito semelhantes dos analistas criminais, este estudo proposto também examinará a importância da idade, dos anos de serviço e do nível de educação na perceção da utilização e da facilidade de utilização dos analistas criminais pelos agentes de patrulha.

Antecedentes do estudo

O policiamento reativo envolveu a resposta a pedidos de serviço, enquanto o policiamento proactivo envolveu a polícia a agir por sua própria iniciativa (Crank, 1998). Demirci (2001) propôs que a abordagem proativa para a aplicação da lei provavelmente se tornaria a estratégia preferida para os líderes da polícia para alcançar esforços de prevenção do crime a longo prazo. Os primeiros esforços para estabelecer o policiamento proativo, no entanto, nem sempre foram bem sucedidos. Um exemplo foi o Kansas City Preventative Patrol Experiment (KCPPE), que se baseou na abordagem tradicional de aplicação da lei ao crime de aumentar a presença de policiais (Brinkley, 2006; Goldstein, 1979). Kelling, Pate, Dieckman e Brown (1974) concluíram que as variações nas técnicas de patrulha da polícia parecem ter tido pouco efeito porque (a) não reduziram o crime, (b) não afectaram a eficácia da polícia, (c) não afectaram o número de crimes denunciados à polícia e (d) não afectaram a opinião dos cidadãos sobre a eficácia da polícia. Lyman (2005) especulou que a abordagem KCPPE era uma tentativa de melhorar a perceção pública da polícia através do aumento da presença de agentes da polícia, o que poderia conseguir tempos de resposta mais rápidos às chamadas de serviço.

Embora os primeiros esforços proactivos para combater a criminalidade nos EUA tenham sido largamente infrutíferos (Demir, 2009; Goldstein, 1979), a Polícia Metropolitana de Londres tinha alcançado sucessos notáveis desde o início do século XVIII (Bruce, Hick, & Cooper, 2004). Bruce et al. explicaram como alguns dos primeiros sucessos da Polícia Metropolitana de Londres envolveram a identificação de padrões de crime através da anotação dos vários locais de infracções num mapa. Previsões quanto a futuras ocorrências de crime foram baseadas nos resultados da análise de dados do mapa do crime. Demir sugeriu que a análise e interpretação combinadas dos mapas de criminalidade poderiam fornecer uma solução prática para esforços proactivos na prevenção do crime. O estudo de Demir demonstrou como a análise do crime, sob a forma de análise de dados do mapa do crime, contribuiu para a eficácia da polícia através de uma comparação dos departamentos de polícia que utilizaram ou não o mapeamento do crime entre 1977-1997. Assim, uma abordagem proativa para combater o crime tornou-se o uso de analistas de crime para identificar padrões, séries, ou tendências e desenvolver recomendações para a polícia. Quando apoiado e endossado pelos líderes policiais, o potencial dos analistas criminais para fornecer aos policiais informações criminais relevantes foi aumentado (Community Oriented Policing Services, COPS, 2011).

Declaração do problema

Não se sabe como e até que ponto as percepções dos oficiais de polícia sobre os analistas de crime impactam o uso percebido ou a utilidade percebida dos analistas de crime. O estudo de Bruce et al. (2004) revelou que alguns oficiais de polícia abrigavam hostilidade em relação aos analistas de crime, mas também relataram alguma aceitação dos analistas de crime pela liderança da polícia com base na perceção da utilidade dos analistas de crime. Taylor et al. (2007) discutiram a perceção que os analistas criminais acreditavam que os agentes da polícia tinham em relação a eles, mas não examinaram as percepções que os agentes da polícia tinham em relação aos analistas criminais. Taylor et al. (2007) postulou, com base nos dados recolhidos dos analistas criminais que afirmaram que um fator que contribuiu para a falta de integração dos analistas criminais nas operações policiais foi devido, em parte, à hesitação dos oficiais da polícia em reconhecer e apreciar as habilidades únicas e conhecimentos dos analistas criminais.

Maguire (2003) descreveu a tecnologia como os processos e sistemas que uma organização utiliza para realizar o seu trabalho. Dees (2003) acrescentou que os avanços tecnológicos globais na supressão e investigação do crime estavam a ganhar maior aceitação nas agências policiais. O autor postulou que o aumento da aceitação da tecnologia se deveu ao aumento da utilidade da tecnologia e à compreensão geral dos agentes da polícia sobre o objetivo da tecnologia. Dees observou também que a aplicação da tecnologia ajudava a polícia a reduzir o número de suspeitos de crimes. Um exemplo foi o caso das provas serológicas, em que a sequenciação do ácido desoxirribonucleico (ADN) pode ser aplicada. Outros exemplos incluem a aplicação da dactilografia, o estudo científico das impressões digitais e a análise química e de armas de fogo de resíduos de pólvora.

Woods (1999) atribuiu a redução das taxas de criminalidade em Nova Iorque entre 1993 e

1998 à adoção e utilização do programa de estatísticas informáticas (COMPSTAT). A avaliação de Woods demonstrou que a tecnologia pode ser bem sucedida quando integrada nas operações policiais. O grau de utilidade percebida e a facilidade de uso percebida da tecnologia provavelmente contribuíram para o grau em que a polícia aceitou os avanços na tecnologia (Clarke, 1997; Clarke & Felson, 1993; Dees, 2003). Kriegel e Brandt (1996) sugeriram que a resistência à inovação ou à tecnologia pode ser o resultado da mentalidade de vaca sagrada. Os autores descreveram as vacas sagradas como as práticas que foram utilizadas durante muito tempo, mas que não contribuíram para a produtividade. Darroch e Mazerolle (2012) concluíram que, quando a polícia adoptava novas tecnologias, em vez de tentar uma nova abordagem, a polícia incorporava a tecnologia nas abordagens operacionais policiais tradicionais. Como resultado, os potenciais contributos que a tecnologia poderia ter dado para ajudar a polícia nos seus esforços para reduzir a criminalidade seriam minimizados ou perdidos devido a uma utilização ineficaz. Por exemplo, se os policiais recebessem computadores portáteis para preencher relatórios policiais, a organização poderia reduzir os custos associados à impressão de múltiplas revisões de relatórios. No entanto, se os supervisores se recusassem a aceitar relatórios através de correio eletrónico ou exigissem cópias em papel dos relatórios para acompanhar os envios por correio eletrónico, a contribuição potencial que a tecnologia poderia ter dado seria reduzida.

Clarke (2004) especulou que os desenvolvimentos tecnológicos alteraram o ambiente do crime, o que exigiu mudanças na forma como a aplicação da lei respondeu aos desenvolvimentos tecnológicos. O estudo de Darroch e Mazerolle (2012) sugeriu que a defensividade caraterística das organizações policiais tinha reforçado qualquer resistência existente à inovação. O seu estudo com 286 agentes da polícia da Nova Zelândia centrou-se nas percepções e atitudes dos agentes da polícia em relação ao policiamento baseado em informações.

O estudo de Ratcliffe (2002) acrescentou que o ritmo a que as organizações policiais adoptavam habitualmente novas tecnologias resultava muitas vezes na sua desatualização por tecnologias mais recentes ou mais aperfeiçoadas antes de poderem ser plenamente adoptadas.

Consequentemente, as organizações policiais que operam com equipamento técnico desatualizado podem ser confrontadas com problemas como a fraca duração da bateria, a mudança, a perda de apoio ao produto do fornecedor ou a identificação de falhas de conceção corrigidas na geração seguinte de equipamento. Goldstein (2003) opinou que a polícia necessitava de analistas criminais com formação adequada para avaliar a tecnologia a utilizar no policiamento baseado em informações. Os resultados da investigação de Goldstein foram apoiados por Clarke (2004). Clarke sugeriu que os agentes da polícia não compreendiam totalmente como a tecnologia poderia ajudar na eficácia da prevenção do crime ou na missão geral de controlo do crime.

A questão da eficácia da polícia foi parcialmente abordada por Skogan e Frydle (2004). Os autores descobriram que a eficácia da polícia poderia ser adequadamente medida através de uma avaliação das taxas de criminalidade, redução de infractores prolíficos, e chamadas de serviço para queixas geradas pelos cidadãos. Baltaci (2010) acrescentou que os efeitos da análise do crime sobre a eficácia da polícia também poderiam ser medidos pelas taxas de apuramento do crime.

Em 2003, pesquisadores do Bureau of Justice Statistics do Departamento de Justiça dos EUA realizaram um inquérito nacional entre a polícia local financiada pelo governo, departamentos de xerifes e polícia estadual (Celik, 2010). O Inquérito por Amostragem de Agências de Aplicação da Lei e Estatísticas Administrativas (2003) revelou que 5,3% das 902 agências que responderam relataram ter analistas de crime ou unidades de análise de crime nas suas agências. Celik também relatou que uma pesquisa nacional de mapeamento e análise para programas de segurança pública de 2004 revelou que 73,1% das agências de aplicação da lei, incluindo municipais, xerifes, polícia estadual e outros tipos de agências combinadas, indicaram que usaram alguma forma de análise de crime para atender às diretrizes de relatório de crime uniforme do FBI (Mamalian & LaVigne, 1999).

A tendência no uso de analistas criminais em agências de aplicação da lei, como sugerido por Baltaci (2010), Celik (2010), e Clarke (2004), parece expandir-se para além das funções tradicionais de agregação de dados do relatório de crime uniforme do FBI de taxas de criminalidade, taxas de apuramento de crime, relatórios sobre densidades de crime, e estatísticas semelhantes. O'Shea e Nicholls (2002) reconheceram a ligação entre tecnologia e treinamento afirmando, "Mais dados e melhor tecnologia . . requer treinamento para analistas de crime" (p. 26), o que poderia ter afetado a inclusão operacional de analistas de crime nas operações policiais. No entanto, as percepções dos analistas criminais por parte dos agentes policiais e a aceitação da tecnologia oferecida pelos analistas criminais aos departamentos de polícia não foram, em grande medida, mencionadas nos estudos anteriores. Se a tecnologia oferecida pelos analistas criminais fosse aceite pelos agentes da polícia, também seria possível a aceitação dos analistas criminais como parte integrante das operações policiais (Evans & Kebbell, 2012; Jefferys, 2007; Jones & Malina, 2011; O'Shea, Nicholls, Archer, Hughes, & Tatum, 2003).

Pesquisadores concordaram que o valor da análise de crime estava nas habilidades técnicas do analista de crime para identificar padrões, séries, e tendências de atividade criminal, e a subsequente integração da análise em operações policiais (Boba, 2005; Ekblom, 1988; Gottlieb et al., 1998; O'Shea & Nicholls, 2002; Taylor et al., 2007). Esses pesquisadores também têm insinuado que a aplicação generalizada da análise criminal dentro da comunidade de aplicação da lei foi lenta ou demorada, devido em parte à aceitação limitada de analistas de crime pelos policiais. Como o KCPPE demonstrou, sem o apoio dos oficiais de polícia, a implementação bem sucedida de uma distribuição de força de trabalho policial não seria possível (Kelling et al., 1974; Larson, 1976; Risman, 1980; Sherman & Eck, 2002). O KCPPE também demonstrou que uma adição não focada de recursos não criou uma diferença apreciável na redução de incidentes de crime (Kelling et al., 1974).

Objetivo do estudo

O objetivo deste estudo é abordar uma aparente lacuna na literatura de pesquisa sobre as percepções dos oficiais de polícia sobre os analistas de crime. Peterson (1993) examinou as funções dos analistas de crime, e identificou alguns dos seus deveres, mas não examinou a integração dos analistas de crime nas operações policiais. Bruce (2004) revelou hostilidades em relação aos analistas de crime por parte de alguns policiais, mas relatou aceitação e perceção de utilidade dos analistas de crime pela liderança policial e tomadores de decisão. Taylor et al.

(2007) discutiram a perceção que os analistas criminais acreditavam que os agentes da polícia tinham em relação a eles, mas não abordaram a forma como os agentes da polícia percebiam os analistas criminais. O presente estudo contribuiu para o conjunto de conhecimentos relativos à aceitação da tecnologia pela polícia, ao alargar a compreensão das percepções que os agentes da polícia tinham em relação aos analistas criminais.

Questão de investigação

A questão de investigação e as hipóteses resultantes colocadas como resultado da lacuna na literatura de investigação foram:

RQ1. Quais são as percepções dos analistas criminais por parte dos agentes da polícia?

H1. Existe uma diferença estatisticamente significativa na perceção da facilidade de utilização ou da utilidade devido à idade dos agentes da polícia.

H01. Não existe uma diferença estatisticamente significativa na perceção da facilidade de utilização ou na perceção da utilidade do em função da idade dos agentes da polícia.

H2. Existe uma diferença estatisticamente significativa na perceção da facilidade de utilização ou da utilidade devido aos anos de serviço dos agentes da polícia.

H02. Não existe uma diferença estatisticamente significativa na perceção da facilidade de utilização ou da utilidade em função do tempo de serviço dos agentes de polícia.

H3. Existe uma diferença estatisticamente significativa na perceção da facilidade de utilização ou da utilidade em função do nível de instrução dos agentes de polícia.

H03. Não existe uma diferença estatisticamente significativa na perceção da facilidade de utilização ou da utilidade em função do nível de habilitações

académicas dos agentes de polícia.

H4. Existe uma diferença estatisticamente significativa na perceção da facilidade de

utilização ou da utilidade devido ao género dos agentes de polícia.

H04. Não existe uma diferença estatisticamente significativa na perceção da

facilidade de utilização

ou utilidade percebida devido ao género dos agentes da polícia.

Ratcliffe (2007) explicou que um fator que contribuiu para o sucesso da análise criminal foi o grau em que os analistas criminais foram integrados nas operações policiais. Jefferys (2007) sugeriu que o feedback insuficiente foi um catalisador para percepções mal concebidas dos analistas de crime pelos oficiais de polícia. Bruce (2004) identificou várias razões para a hostilidade e resistência dos oficiais de polícia em relação aos analistas de crime, que incluíam (a) suspeita de que os deveres dos analistas incluíam o monitoramento do desempenho do trabalho do oficial, que pode ter sido o resultado do uso generalizado do COMPSTAT para avaliar o desempenho do oficial de polícia (Henry, 2002; Shane, 2010, Willis, Mastrofski, & Weisburd, 2003; Willis, Weisburd, & Mastrofski, 2004), (b) a crença de que um analista de crime não poderia saber mais sobre a batida de um oficial do que o oficial, e (c) a resistência geral do oficial de polícia à mudança como identificado em pesquisas anteriores (Adams, Rohe, & Arcury, 2002; Bruce, 2004; Colton, 1979; Lumb & Breazeale, 2002; Manning, 2001).

O presente estudo examinou as percepções dos analistas criminais por parte dos agentes da polícia, aplicando alguns dos princípios do modelo de aceitação da tecnologia de Davis (1986). Embora o modelo de aceitação da tecnologia incluísse um exame da atitude do inquirido relativamente à utilização da tecnologia, este estudo centrou-se na perceção que os agentes da polícia têm dos analistas criminais. Tal como nos estudos de Davis (1986; 1989), este estudo analisou os resultados com base num instrumento de inquérito semelhante ao utilizado no modelo de aceitação de tecnologia de Davis (1989).

Importância do estudo

O presente estudo é relevante para as organizações policiais que necessitam de integrar os analistas criminais na cultura policial, bem como para outras unidades especiais (por exemplo, unidades de tecnologias de informação e comunicação, unidades de previsão criminal, unidades especiais ad hoc).

Foi demonstrado que a resistência à inclusão de unidades policiais com tarefas especiais cria ressentimento, ambivalência e atitudes de falta de apoio por parte dos agentes policiais não afectos a essas unidades (Dean, Filstad, & Gottschalk, 2006, Garicano & Heaton, 2010; Gundhus, 2005).

Os resultados do presente estudo poderiam ajudar os decisores políticos e a liderança da polícia no desenvolvimento de métodos e práticas concebidos para aumentar a aceitação, incorporação e integração de analistas de crime nas operações policiais. Além disso, os resultados do presente estudo poderiam ser usados no desenvolvimento ou modificação das práticas de emprego da organização policial. Embora o foco do presente estudo tenha sido centrado nas percepções dos agentes da polícia sobre os analistas criminais, os resultados poderiam ser utilizados no estudo de outras unidades de aplicação da lei (por exemplo, interdição de gangues, supressão de drogas, ameaça cibernética, crime comercial, etc.) responsáveis pelo apoio de operações policiais especializadas (Celik, 2010; Garicano & Heaton, 2010; Giblin, 2006). Além disso, o presente estudo identificou caraterísticas comuns que parecem contribuir para o nível geral de percepções positivas dos agentes da polícia em relação aos analistas criminais, incluindo o nível de educação e o género.

O presente estudo examinou a perceção dos analistas criminais a partir da perspetiva do agente da polícia, uma perspetiva não estudada anteriormente ou disponível na literatura. Além disso, o presente estudo contribuiu para o corpo de conhecimento quando foram abordadas as limitações identificadas em estudos anteriores (Jefferys, 2007; Peterson, 1993; Sever, Garcia, & Tsiandi, 2008; Taylor et al., 2007) que não exploraram as percepções dos agentes da polícia em relação aos analistas criminais. Além disso, os contributos para o corpo de conhecimento fornecidos

13

pelos resultados do presente estudo relativamente aos efeitos da idade, género, anos de serviço e nível de educação podem ser utilizados por outros investigadores para examinar outros aspectos da cultura policial. Além disso, os resultados do presente estudo poderiam ser utilizados pelos formadores da polícia para desenvolver a educação contínua e a formação em serviço para melhorar as percepções dos analistas de crime por parte dos agentes da polícia.

Como sugerido por Boba (2005) e Sever et al. (2008), as contribuições que os analistas criminais fizeram para a missão policial de controlo do crime foram notáveis, e o valor potencial que os analistas criminais representaram para as agências policiais como um multiplicador de forças foi incalculável no esforço contínuo de combate ao crime.

Definição de termos

Idade. Para efeitos do presente estudo, a idade refere-se ao participante agente da polícia (Taylor, Santos, & Egge, 2011).

Analista de crime. Para efeitos do presente estudo, um analista criminal é definido como um indivíduo cuja principal responsabilidade profissional é a análise de informações e o desenvolvimento de informações preditivas e acionáveis (Gottlieb et .al., 1998; Jefferys, 2007).

Nível de instrução. O nível de habilitações refere-se ao nível máximo de escolaridade formal que um agente obteve. Por exemplo, o nível de educação de um agente da polícia pode ser (a) um diploma do ensino secundário, (b) um diploma de associado, (c) alguns anos de faculdade que não resultam num diploma, (d) um diploma de bacharelato, (e) cursos ou diplomas para além de um diploma de bacharelato (Taylor, Santos, & Egge, 2011).

Género. Para efeitos do presente estudo, o género de um agente da polícia restringe-se a masculino ou feminino (Ahmad, Badariah, Madarsha, Zainuddin, Ismail, Khairani, & Nordin, 2011).

Agente de polícia. Para efeitos do presente estudo, um agente da polícia é definido como um agente ajuramentado, com poderes legais de detenção (O'Shea & Nichols, 2002).

Anos de serviço. Para efeitos do presente estudo, os anos de serviço são reflectidos como o número de anos que o agente de polícia tem sido um agente juramentado empregado por uma agência de aplicação da lei (Taylor, Santos, & Egge, 2011).

Pressupostos e limitações

Assumiu-se que os participantes do estudo responderiam honestamente, e que os participantes tinham experiência e/ou interações com analistas criminais. Além disso, com base na administração do instrumento de inquérito, partiu-se do princípio de que apenas os agentes da polícia preencheriam o inquérito.

Como resultado da pequena resposta, o estudo pode não ser generalizável a todas as agências policiais com analistas de crime. No entanto, uma vez que o modelo de aceitação da tecnologia utilizado para este estudo tem fiabilidade e validade previamente estabelecidas, os resultados do estudo são válidos.

Natureza do estudo

Davis (1989) desenvolveu o modelo de aceitação da tecnologia representado na Figura 1, que postulava que a utilidade percebida e a facilidade de utilização percebida eram de importância primordial para a aceitação da tecnologia. O presente estudo aplicou o modelo de aceitação da tecnologia às percepções dos agentes da polícia sobre os analistas criminais.

A base teórica deste estudo proposto assumiu a perceção da facilidade de utilização e a perceção da utilidade da tecnologia como determinantes da atitude do utilizador, seguindo linhas de investigação anteriores, incluindo Robey (1979) que teorizou: "Um sistema que não ajuda as pessoas a desempenharem as suas funções não é suscetível de ser recebido favoravelmente, apesar dos cuidadosos esforços de implementação" (p. 537); e Goodhue e Thompson (1995) que descobriram que a tecnologia que não afectava favoravelmente o utilizador final não era geralmente apoiada pelo pessoal. Colvin e Goh (2005) determinaram que a utilidade percebida e a facilidade de uso percebida eram determinantes significativos da aceitação da tecnologia pelos policiais; e Jefferys (2007) concluiu que, para que os analistas criminais ganhassem a aceitação dos policiais, o

15

analista criminal tinha que fornecer informações consideradas úteis pelo policial.

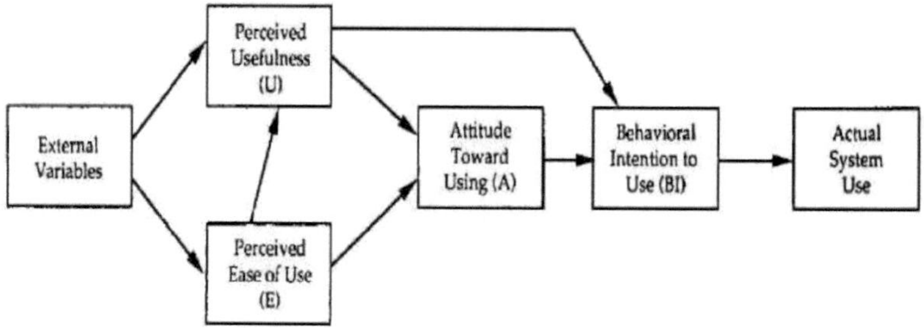

Figura 1. Modelo de aceitação de tecnologia de Davis

O modelo de investigação (Figura 2) reflectia as variáveis de idade, sexo, anos de serviço e nível de educação no que diz respeito às percepções dos analistas criminais por parte dos agentes da polícia. O estudo de Lin, Hu e Chen (2004) examinou o impacto da idade, género, anos de serviço e habilitações literárias dos agentes da polícia na aceitação da tecnologia e determinou diferenças significativas na maioria das dimensões demográficas. Dos 411 questionários distribuídos, foi recebido um total de 283 respostas, o que representa uma taxa de resposta de 68,9%. Os resultados do estudo revelaram que a perceção de utilidade é o fator mais importante na tomada de decisões de aceitação da tecnologia por parte dos agentes da polícia. O estudo concluiu que as agências policiais não devem subestimar a importância das percepções dos agentes policiais no que respeita à aceitação da tecnologia.

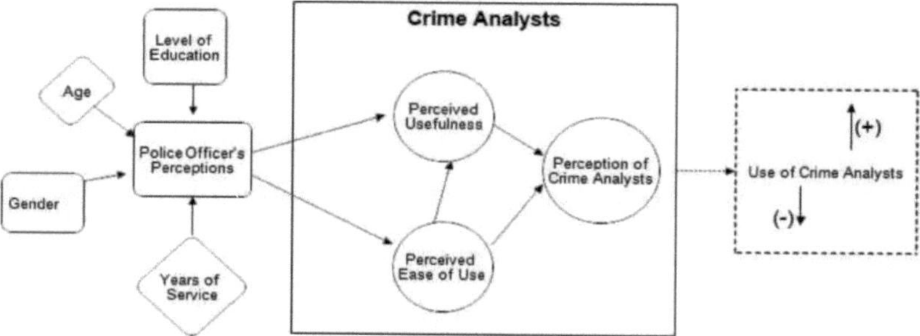

Figura 2. Variáveis

O pressuposto metodológico do presente estudo foi que os métodos quantitativos, aplicados num ambiente em linha ou baseado na Web, responderiam adequadamente às questões de investigação e, tal como sugerido por Evans e Mathur (2005), permitiriam aos participantes preencher rapidamente o inquérito, resultando numa taxa de resposta mais elevada. Axiologicamente, o papel do investigador era ser objetivo e isento de valores , uma vez que o recrutamento e a recolha de dados foram realizados de forma anónima. Ontologicamente, a natureza da realidade era fixa, estável, observável e mensurável, uma vez que as perguntas foram feitas a cada participante no mesmo formato, utilizando um instrumento válido para obter a resposta verdadeira de cada participante.

Organização do resto do estudo

O resto do presente estudo está estruturado de forma tradicional. O Capítulo 2 é a revisão da literatura. A revisão da literatura apresenta a história e o desenvolvimento da análise criminal e a integração da tecnologia no processo, um exame de estudos anteriores sobre a aceitação da tecnologia e a literatura sobre a adaptação da tecnologia relativamente ao enquadramento teórico deste estudo. O Capítulo 3 contém uma descrição da metodologia e da conceção da investigação para este estudo. A metodologia é dividida para descrever a amostra,
os instrumentos, os procedimentos de recolha de dados e a análise dos dados. Este estudo termina no Capítulo 3. O Capítulo 4 abrange a análise dos dados. Por último, o Capítulo 5 apresenta em pormenor os resultados com um resumo das conclusões, implicações para a prática e recomendações para investigação futura.

CAPÍTULO 2

REVISÃO DA LITERATURA

Introdução

O objetivo desta revisão da literatura era explicar, em parte, a origem da análise criminal e a sua migração desde a sua utilização militar inicial, até à utilização mais contemporânea como ferramenta de inteligência ou de investigação. O investigador também explorou brevemente a ligação entre a aceitação da tecnologia pelas forças da ordem e os analistas criminais. Embora a literatura abranja uma variedade de teorias, este investigador centrou-se em alguns dos trabalhos seminais relativos à integração dos analistas criminais, à aceitação da tecnologia pela polícia e à perceção dos analistas criminais por parte dos agentes da polícia. A intenção do investigador era estabelecer uma ligação entre a perceção que os polícias tinham dos analistas criminais e a aceitação geral da tecnologia pela polícia.

Antes de 1980, não havia organizações dedicadas a representar o pessoal analítico na aplicação da lei (Boba, 2005; Haley, Todd, & Stallo, 2004). Embora os analistas estivessem empregados em toda a comunidade de aplicação da lei, a falta de organização contribuiu para a variação na qualidade do pessoal e dos padrões. De acordo com Bruce (2004), em outubro de 1981, um pequeno grupo de analistas e gestores profissionais de informações realizou uma reunião oficial em Nova Orleães, Louisiana, onde criaram a International Association of Law Enforcement Intelligence Analysts, Inc. (IALEIA). O objetivo da IALEIA era profissionalizar a função de análise de informações sobre a aplicação da lei em todo o espetro das operações de aplicação da lei. Através da partilha colaborativa de informações entre os níveis local, estatal, provincial, nacional e internacional, a análise de informações foi reconhecida como uma ferramenta viável de aplicação da lei (Haley et al., 2004).

Enquanto a IALEIA assumiu um papel global na profissionalização da análise criminal, a Associação Internacional de Analistas Criminais (IACA) foi formada em 1990 com o objetivo específico de ajudar os analistas criminais de todo o mundo a melhorar as suas competências

(Peterson, 2005). O aspeto internacional da IACA ajudou os analistas criminais a desenvolver contactos valiosos, que resultaram em esforços melhorados para padronizar a formação e o desempenho dentro da profissão. O'Shea e Nicholls (2003) realizaram um estudo das agências de aplicação da lei dos EUA com 100 ou mais funcionários juramentados. Seu estudo de 859 departamentos de polícia dos EUA revelou que 75% tinham uma unidade de análise de crime separada.

As filiações internacionais da IALEIA e da IACA foram cruzadas com a Rede Regional de Análise Criminal da América Central, a fim de identificar as agências policiais de um estado do Meio-Oeste com analistas criminais ou um centro de análise criminal. A State Highway Patrol (SHP) do estado escolhido foi identificada como a maior agência policial do estado, empregando um número não revelado de analistas a tempo inteiro. O centro de análise de informações do estado fez parceria com 33 agências estaduais, locais e federais de aplicação da lei e associações relacionadas. Estas incluíam o Departamento de Saúde e Serviços Seniores, o Departamento de Receitas e o Departamento de Segurança Interna (Monahan, 2010). Como resultado da análise dos departamentos de polícia do estado com analistas criminais ou um centro de analistas criminais, o presente estudo identificou o centro de análise de informações da patrulha rodoviária do estado (MIAC) como sendo uma das maiores concentrações de analistas criminais. Consequentemente, ao considerar os grupos de participantes para o presente estudo, a patrulha rodoviária estatal do estado do Centro-Oeste tornou-se uma escolha lógica, uma vez que os seus agentes policiais teriam, muito provavelmente, um maior contacto e, por conseguinte, percepções mensuráveis dos analistas criminais.

História da Análise Criminal e da Tecnologia

O código de Hamurabi, que se acredita ser uma das primeiras leis penais conhecidas, consiste em 282 conceitos de punição (Vincent, 1904). Uma das funções do código de Hamurabi era dissuadir o comportamento criminoso, impondo sanções em caso de violação da lei. No entanto, as sanções impostas após uma infração pouco faziam para compensar a vítima pelo seu sofrimento ou perda e, geralmente, não dissuadiam o infrator determinado. Consequentemente, a procura da causa do crime levou os investigadores a examinar teorias políticas, económicas, biológicas, psicológicas e sociológicas em busca de respostas (Agnew, 2002; Farrington, 2002; Tehrani & Mednick, 2002; Turk, 2002; Witt & Witte, 2002). Embora várias teorias tenham explicado alguns actos criminosos, nenhuma explicou a causa do crime.

Enquanto os teóricos continuavam a procurar a causa do crime, os responsáveis pela aplicação da lei usavam métodos tradicionais para combater o crime com base em duas estratégias gerais: prevenção do crime e policiamento reativo (Cao & Burton, 2006; Swanson et al., 2011). As estratégias de prevenção ao crime incluíam educar o público sobre as condições propícias ao crime, ou situações que expõem pessoas ou propriedades ao crime, tais como veículos e portas ou janelas de residências destrancadas, e iluminação deficiente. Para reduzir as vulnerabilidades, a polícia estava envolvida com policiamento orientado para a comunidade, policiamento orientado para o problema, patrulhas aleatórias a pé e de bicicleta, e prevenção do crime através de design ambiental (Peak, 2009; Schmalleger, 2009). As estratégias de policiamento reativo estavam tipicamente relacionadas com as respostas da polícia a pedidos de assistência, chamadas de serviço e emergências semelhantes após o facto (Schmalleger, 2009).

Embora tenha sido alcançado algum sucesso na redução da criminalidade utilizando métodos tradicionais (Peak, 2009; Schmalleger, 2009), os métodos mais contemporâneos, tais como a utilização de policiamento baseado em informações (Ratcliffe, 2006) e o mapeamento da criminalidade (Boba, 2005), demonstraram maiores resultados na redução da criminalidade através da utilização de estratégias de policiamento proactivas. Ao contrário da prevenção do crime e do policiamento reativo, as estratégias de policiamento proactivo centraram-se na previsão da criminalidade futura e no emprego de medidas para identificar e capturar, ou dissuadir e assim interromper as ocorrências de crime (Boba, 2005).

Orientação teórica do estudo

Os métodos e técnicas para dissuadir ou interromper o crime incluíram o uso de análise de pontos quentes de crime para identificar áreas geográficas de ocorrências de crime concentradas

(Paulsen & Robinson, 2009; Ratcliffe, Taniguchi, Groff, & Wood, 2011). A análise temporal e

espacial, utilizada para identificar momentos de concentração de ocorrências de crime, incorporou

estatísticas de crime por tempo e locais com uma área específica (Ratcliffe, 2006, 2010). Por

último, a análise criminal, que inclui a análise de informações criminais e a análise de investigação

criminal, ou a definição de perfis, tem sido utilizada para se centrar na tipologia dos infractores,

bem como para prever os seus comportamentos (Ainsworth, 2001; Turvey, 2011).

Revisão da literatura

Uma ferramenta adoptada por alguns serviços de aplicação da lei para melhor combater o

problema da criminalidade foi a tecnologia (Jefferys, 2007). Quando associada a um perito na sua

utilização, e apoiada em todo o espetro das operações de aplicação da lei por supervisores e líderes

policiais, a tecnologia proporciona à aplicação da lei a oportunidade de melhor cumprir a missão de

proteger e servir (Goodhue & Thompson, 1995). Embora o efeito da presença da polícia na redução

do medo do público (Jihong, Scheider, & Thurman, 2002) seja evidente, a redução efectiva da

criminalidade devido apenas à presença da polícia não foi validada (Brown, 1981; Phan, Fefferman,

Hui, & Brugge, 2010). De facto, o estudo de Brown sobre dados de 382 cidades dos EUA revelou

que as teorias tradicionais do efeito dissuasor da presença da polícia para a maioria das infracções

não dissuadiram significativamente o crime. Da mesma forma, Phan et al., que efectuaram um

estudo sobre a criminalidade de rua na Chinatown de Boston entre 1988-2004, revelaram que

apenas uma redução limitada da criminalidade resultou do aumento da presença policial.

Ekblom (1988) explicou, "A análise de crime baseia-se no pressuposto de que crimes não

são totalmente aleatórios, isolados, e eventos únicos" (pp. 3-4). Como resultado, Ekblom sugeriu

que nenhuma atividade única de prevenção ao crime seria suficiente para eliminar o crime em uma

grande área geográfica. Ekblom argumentou que uma análise detalhada dos crimes poderia revelar

semelhanças usadas para identificar padrões de criminalidade. O que Ekblom ofereceu foi uma

abordagem simples para alavancar os recursos de aplicação da lei para interditar o crime. Além disso, ao identificar padrões de comportamento criminoso, os potenciais alvos da ação criminosa poderiam ser avaliados de modo a tomarem precauções adicionais e a dissuadirem os infractores oportunistas. Gottlieb et al. (1998) definiram a análise criminal como "quem está a fazer o quê a quem" (p. 11), concentrando-se em crimes contra pessoas e bens. A definição de Gottlieb et al., no entanto, limitou-se aos infractores em série, prolíficos ou reincidentes, e baseou-se fortemente na identificação e correspondência de tendências, séries e assinaturas de infractores em vários crimes.

Uma fraqueza exposta pela definição de Gottlieb et al. (1998) foi a introdução do delinquente oportunista; alguém que pode ter sido responsável por uma única infração, duas ou mais infracções não relacionadas em termos de modus operandi, ou infracções significativamente dispersas temporal ou geograficamente de modo a não parecerem ligadas. Ratcliffe (2008), no entanto, definiu a análise criminal como um processo de identificação de padrões e relações entre dados criminais e outras fontes de dados relevantes. Boba (2005) sugeriu que os primeiros agentes da lei para rastrear ocorrências de crime e identificar padrões de infractores usaram um mapeamento rudimentar do crime. No entanto, para alcançar o nível de confiança necessário para identificar padrões e tendências, como sugerido por Ratcliffe (2008), seria necessário pessoal que fosse tecnicamente proficiente e hábil na integração de vários recursos de informação.

Reuland (1997) advertiu que a tecnologia utilizada pela polícia deve ser aplicada para priorizar as operações policiais e a resposta e para concentrar os recursos policiais para interditar o crime. A perspetiva de Reuland encorajou o uso expandido da tecnologia na análise de crime além da criação de tabelas e gráficos. É possível que após os policiais serem expostos ao uso e aplicação bem sucedida da tecnologia para interditar o crime, eles começarão a usar a tecnologia com mais freqüência. Se apoiado pela liderança policial, a hostilidade em relação ao analista de crime descrita por Bruce (2004) poderia se dissipar.

Bruce (2004) realizou um estudo sobre as percepções dos analistas criminais. O autor revelou que parte da hostilidade que os oficiais de polícia tinham em relação aos analistas criminais era devido a uma falta de compreensão das funções dos analistas. Bruce indicou que a introdução de analistas de crime nas agências policiais gerou uma atmosfera de preocupação por parte dos policiais que assumiram que os analistas de crime estavam a avaliar o desempenho dos agentes. Porque o papel do analista de crime não foi explicado suficientemente aos policiais, foi assumido que o objetivo dos analistas de crime era coletar estatísticas para serem usadas na gestão de pessoal da polícia.

Computer Statistics (COMPSTAT), desenvolvido por um oficial da polícia de trânsito de Nova York, era um sistema projetado para compilar e gerar estatísticas semanais de crime que poderiam ser rapidamente digitalizadas, mapeadas e disseminadas para delegacias e distritos policiais (Henry, 2006). Os dados sobre a criminalidade, compilados com a base de dados da polícia de Nova Iorque, permitiam aos comandantes das esquadras e a outros líderes dos departamentos de polícia tomar decisões sobre a distribuição ou afetação de recursos. Como resultado, os policiais eram responsabilizados pela taxa de criminalidade em sua área, bem como por questões de qualidade de vida (Moore & Braga, 2003).

As informações do COMPSTAT ajudaram a liderança da polícia, ajudando-os a considerar o esforço ou a eficácia dos policiais em uma determinada área de operação ou área de responsabilidade (Henry, 2006). Em vez dos meios mais tradicionais para medir a eficácia da polícia, que se baseavam fortemente nos tempos de resposta às chamadas de serviço, a eficácia dos agentes da polícia era medida pela redução da criminalidade. A eficácia da polícia também foi avaliada com base na melhoria da qualidade de vida dentro da área de responsabilidade, o que subsequentemente reflectiu a capacidade de liderança da polícia. Os líderes policiais cujos desempenhos eram considerados fracos eram subsequentemente substituídos, enquanto aqueles que demonstravam redução do crime e aprovação geral dos cidadãos recebiam maiores responsabilidades (Henry, 2006; Moore & Braga, 2003).

Talvez uma consequência não intencional das avaliações de responsabilidade e desempenho geradas pelo COMPSTAT foi uma desconfiança subjacente do uso da tecnologia para avaliar a eficácia da patrulha policial e desempenho subsequente. A desconfiança alimentada por uma falta de compreensão provavelmente contribuiu para a relutância ou hostilidade dos oficiais de polícia em abraçar analistas de crime e análise de crime (Bruce, 2004).

Manning (2001) relatou que a utilidade percebida de uma ferramenta tecnológica, como bases de dados de computador e outros softwares analíticos, impactou o nível de interesse dos policiais. Sem o interesse e a compreensão da tecnologia e o potencial para a redução do crime, policiais não treinados viam analistas de crime como pouco mais do que secretários. Alguns policiais viam os analistas de crime como pouco mais do que criadores de gráficos estatísticos (Bruce, 2004).

O'Shea e Nicholls (2002) sugeriram que as operações dos analistas de crime consistiam em três funções primárias: (a) avaliar a natureza, extensão e distribuição do crime, a fim de alocar recursos de forma eficiente e eficaz e destacar pessoal, (b) identificar correlações crime-suspeito que poderiam ajudar numa investigação, e (c) identificar as condições que facilitam o crime ou a incivilidade para que os decisores políticos pudessem tomar decisões informadas sobre abordagens de prevenção. A avaliação de O'Shea e Nicholls (2002) quanto às funções primárias da análise criminal foi apoiada por Ratcliffe e Guidetti (2008), que afirmaram que uma análise criminal viável ou credível resultaria num produto tangível. Ratcliffe e Guidetti não limitaram o produto do analista a um único relatório ou gráfico, mas acrescentaram que o produto de um analista de crime poderia ser uma análise preditiva em relação ao próximo evento provável de crime.

Embora o uso da tecnologia pela polícia tenha melhorado os métodos para detetar, prevenir, interromper e derrotar o crime, a tecnologia também desempenhou um papel importante no serviço geral da aplicação da lei à comunidade (Ackroyd, Soothill, Harper, Hughes, & Shapiro, 1992; Dees, 2003; Schmalleger, 2009). Alguns dos avanços tecnológicos incluem informações em tempo real sobre crimes e criminosos conhecidos numa área de patrulha, mapas tridimensionais escaláveis que reflectem a área de operação e as densidades populacionais, maior capacidade de recolher informações e resolver crimes através do acesso a registos electrónicos, bem como a utilização integrada de dados biométricos (por exemplo, voz, facial, impressões digitais e ADN; Cowper,

2004; Demir, 2009).

Ackroyd et al. (1992) sugeriram que a direção da polícia fizesse um esforço concertado para utilizar a tecnologia para dirigir e melhorar a eficácia do policiamento. Bayley (1994) acrescentou que o papel que a tecnologia desempenha em resposta às necessidades de segurança do público se alargou. Ambos os pontos de vista são consistentes com a tendência observada no policiamento moderno, em resposta a orçamentos reduzidos, trabalhadores limitados e a perceção pública da aplicação da lei como sendo altamente proficiente em termos tecnológicos. A perceção do público foi reforçada pela miríade de equipamentos à vista do público nos veículos da polícia, incluindo computadores móveis, detectores de radares de velocidade e equipamento complexo de comunicação policial. É possível que as perspectivas de Ackroyd et al. (1992) e Bayley (1994) não tenham tido em conta o facto de nem todos os veículos da polícia estarem equipados com essa tecnologia e de, muitas vezes, os agentes que têm de utilizar a tecnologia a usarem minimamente e, em alguns casos, apenas se lhes for exigido (Ellahi & Manarvi, 2010). Huang e Chuang (2007) sugeriram que as atitudes dos agentes da polícia em relação à tecnologia eram polarizadas como positivas ou negativas, não deixando um meio-termo. Huang e Chuang podem não ter considerado a idade do agente médio ou o nível de exposição à tecnologia antes de o agente ingressar numa força policial. Além disso, a crença estereotipada de que os polícias mais jovens estavam expostos a níveis mais elevados de tecnologia não teve em conta o nível de interesse discutido por Bruce (2004), ou o tipo de ceticismo profissional sugerido por Copeland (1996).

Dado o paradigma reativo associado à aplicação da lei, a tecnologia que não resolve os problemas ou aumenta a segurança dos agentes é lenta a ser adoptada ou a sua utilização é interrompida (Brown & Brudney, 2003; Chan, 2001). Chan constatou que alguns agentes da polícia não se sentiam confortáveis com a forte dependência da tecnologia devido a uma maior desconexão entre o público e os agentes e à provável redução dos esforços de policiamento proactivo. O grau de aceitação da tecnologia pela polícia coincide com os cinco factores delineados no modelo de aceitação da tecnologia. Os cinco factores são (a) caraterísticas de conceção do sistema, (b) utilidade percebida, (c) facilidade de utilização percebida, (d) atitude em relação à utilização, e (e)

utilização efectiva do sistema (Davis, 1989, 1993; Davis, Bagozzi, & Warshaw, 1989).

Goodhue e Thompson (1995) teorizaram que a adaptação tarefa-tecnologia era o "grau

em que uma tecnologia ajuda um indivíduo a realizar a sua carteira de tarefas" (p. 216217). A

adaptação tarefa-tecnologia pode ser utilizada para avaliar os requisitos do utilizador, as

capacidades do utilizador ou a funcionalidade de uma tecnologia. Essencialmente, quando a

utilização resultante da tecnologia demonstra benefícios para o desempenho do utilizador, então a

tecnologia é considerada adequada e deve ser utilizada. Por outro lado, se os utilizadores que

empregam a tecnologia perceberem que o seu valor é limitado ou nulo, a tecnologia não será

utilizada ou será minimamente utilizada.

Goodhue e Thompson (1995) concluíram que a adaptação tarefa-tecnologia era maior

quando a funcionalidade de uma tecnologia e os requisitos do utilizador eram semelhantes. Além

disso, determinaram que a adaptação tarefa-tecnologia era menor quando a funcionalidade da

tecnologia não satisfazia adequadamente as necessidades do utilizador ou quando as exigências de

uma tarefa aumentavam. As conclusões de Goodhue e Thompson foram importantes para a

aplicação da lei, na medida em que o seu estudo apoiou o entendimento de que o pessoal (por

exemplo, agentes da polícia) tinha mais probabilidades de utilizar a tecnologia quando as

capacidades da tecnologia se adequavam às suas necessidades.

Embora existam estudos sobre o modelo de aceitação da tecnologia aplicado a sectores

públicos, como as tecnologias da informação (Adams, Nelson, & Todd, 1992), a enfermagem

(Kowitlawakul, 2011), o comércio empresarial (King & He, 2006) e a educação (Landry, Griffeth,

& Hartman, 2006), só recentemente surgiram estudos sobre a forma como a polícia responde ao

modelo de aceitação da tecnologia . Colvin e Goh (2005) e Manning (2003) sugeriram que uma

razão para a escassez de investigação se devia à falta geral de transparência das organizações

policiais relativamente ao acesso público às práticas operacionais. A exposição das tácticas,

técnicas e procedimentos policiais ao público daria aos criminosos a oportunidade de identificar e explorar os pontos fracos. Tais vulnerabilidades, se tornadas públicas, poderiam comprometer as tácticas policiais e reduzir a eficácia do programa policial.

Williams e Aasheim (2005) efectuaram um estudo sobre o Sistema de Policiamento Comunitário Orientado para o Conhecimento, uma nova tecnologia policial, utilizando um protocolo de entrevista consistente com o modelo de aceitação de tecnologia de Davis (1989) para identificar os pontos fortes e fracos da nova tecnologia policial. O estudo revelou resultados consistentes em termos de aceitação da tecnologia com base nos cinco factores associados ao modelo de aceitação da tecnologia de Davis (1989). Os participantes no estudo de Williams e Aasheim discutiram falhas na conceção do sistema, facilidade de utilização, falta de perceção de utilidade, atitude geral em relação à utilização da tecnologia e utilização efectiva do sistema. Ellahi e Manarvi (2010) aplicaram o modelo de aceitação da tecnologia no seu estudo para examinar as atitudes e as percepções dos agentes da polícia do Paquistão relativamente à utilização das tecnologias da informação. Os autores constataram que os agentes da polícia do Paquistão tinham atitudes geralmente positivas em relação aos computadores e à sua utilização como ferramentas profissionais. O estudo de Ellahi e Manarvi também utilizou os cinco factores associados ao modelo de aceitação da tecnologia de Davis.

Ahmad et al. (2011) realizaram um estudo relativo à invariância do TAM alargado entre géneros e grupos etários. O estudo envolveu 189 participantes do sexo masculino e 265 do sexo feminino, divididos em dois grupos etários: menos de 30 anos de idade e mais de 30 anos de idade. O investigador verificou que a idade era uma variável estatisticamente significativa no que respeita à aceitação da tecnologia. Além disso, o género não era uma variável estatisticamente significativa no que diz respeito à aceitação da tecnologia. Os resultados apoiaram o TAM de Davis (1989) no que respeita à perceção da utilidade e à utilização da tecnologia.

Igbaria e Iivari (1995) efectuaram um estudo sobre os efeitos da auto-eficácia na utilização do computador e na perceção da utilidade e facilidade de utilização da tecnologia. Os investigadores recolheram dados demográficos dos participantes em que incluíam o sexo, a idade, o nível de educação e o tempo de serviço. O estudo de 450 participantes, M = 53,6%

F = 46,4%, com idades compreendidas entre 21 e 61 anos M = 39 anos. Aproximadamente 19,45%

dos inquiridos tinham um diploma do ensino secundário ou menos, 45,3% tinham completado

algum curso superior que não resultou num diploma, 10,3% tinham um diploma de bacharelato e os

restantes 25% tinham cursos ou diplomas para além do diploma de bacharelato. Além disso, o

tempo médio de serviço dos inquiridos na sua organização atual, ou seja, a sua permanência na

organização, era de 10,45 anos. O investigador constatou que a perceção de utilidade tinha um forte

efeito direto na utilização da tecnologia, enquanto a perceção de facilidade de utilização tinha um

efeito indireto na utilização através da perceção de utilidade. Outras análises demográficas não

foram efectuadas ou não foram comunicadas.

Yalcinkaya (2007) realizou um estudo com 407 inquiridos sobre a adoção de tecnologias da

informação pelos agentes da polícia. Setenta e nove dos inquiridos eram agentes da polícia do sexo

feminino e 299 eram agentes da polícia do sexo masculino. Aproximadamente 26% dos inquiridos

tinham um diploma do ensino secundário, 35,9% tinham um diploma de associado, 23,1% tinham

um diploma de bacharelato e 7,8% tinham cursos ou diplomas para além do diploma de bacharelato.

Além disso, os anos de serviço dos inquiridos variavam entre 0 e mais de 15 anos. O investigador

concluiu que a utilidade percebida e a facilidade de utilização percebida foram determinantes

significativos para a aceitação da tecnologia pelos agentes da polícia, e a utilidade percebida surgiu

como um forte determinante da adoção de tecnologias da informação pelos agentes da polícia.

Gefen e Straub (1997) também examinaram se o género afecta a aceitação da tecnologia e

descobriram que as mulheres eram geralmente mais cooperantes em termos de conversão social do

que os homens. Venkatesh e Morris (2000) examinaram de forma semelhante o efeito do género na

aceitação da tecnologia e determinaram que a utilidade percebida era um forte indicador da

aceitação da tecnologia para os homens.

História da polícia e da tecnologia

A aceitação da mudança pode ser difícil e foi significativamente mais desafiadora quando a mudança envolveu a integração de tecnologia nova ou modificada que exigiu formação adicional ou mudanças de procedimento (Colvin & Goh, 2005). A fim de melhor enquadrar o impacto da tecnologia na aplicação da lei no que diz respeito aos analistas criminais, a presente investigação incluiu a análise de algumas das primeiras aplicações dos analistas criminais na aplicação da lei. O famoso autor Sir Arthur Conan Doyle, o detetive inglês Sherlock Holmes, pode ter contribuído para o interesse pela análise criminal. No entanto, o real-world Bureau of Investigations, um precursor de 1908 do U.S. Federal Bureau of Investigations, é creditado com um dos primeiros usos registados do processo de análise criminal (Theoharis, Poveda, Rosefeld, & Powers, 1999).

As reformas no FBI entre 1924 e 1932 incluíram a nomeação de J. Edgar Hoover, a quem se atribui a profissionalização do FBI através da criação de normas de formação e de especializações e da utilização de tecnologia para identificar suspeitos de crimes, bem como para analisar métodos criminosos (Theoharis et al., 1999). O sucesso na normalização das técnicas de investigação e na utilização de tecnologia emergente foi demonstrado na investigação do rapto do filho de Charles Lindbergh. Durante a investigação, foi efectuado um intercâmbio sem precedentes de dados relativos a impressões digitais com as autoridades policiais estrangeiras, o que permitiu identificar ou eliminar possíveis suspeitos do crime (Theoharis et al., 1999).

Historicamente, a recolha de informação e a sua conversão em intelligence esteve geralmente associada a operações militares (Schultz, 1968). Schultz, Marx (1995) e Kahana (2005) citam referências bíblicas como a origem da recolha de informação para fins de intelligence, que envolvia espiões que trabalhavam por conta dos militares. Entre as figuras não bíblicas, mas históricas, que se crê terem utilizado informadores e espiões para recolher informações ou informações, contam-se Alexandre o Grande, Sertório, o comandante romano em Espanha, e Akbar, o imperador mongol da Índia, que empregou mais de quatro mil espiões (Schultz, 1968).

Uma progressão lógica da utilização militar de informações recolhidas por agentes dos serviços de informações para obter uma vantagem em conflitos militares pode ser seguida de recolhas de informações semelhantes fornecidas aos primeiros agentes da lei ou às forças de manutenção da paz para manter a ordem pública. Schmalleger (2009) observou que a "Patrulha Nocturna", um grupo de homens responsáveis por detetar ladrões e alertar os habitantes adormecidos de incêndios domésticos, eram em número demasiado reduzido para lidar com a maioria das emergências, mas eram considerados uma forma inicial de polícia (p. 153). A utilidade dos guardas-noturnos foi demonstrada quando os serviços da polícia metropolitana, que procuravam informações sobre pessoas suspeitas, interrogavam regularmente os guardas-noturnos durante as investigações dos homicídios de Jack, o Estripador, na zona de Whitechapel e distritos adjacentes em Londres, Inglaterra, no final do século XIX (Curtis, 2004).

Schultz (1968), Vila e Morris (1999), e Schmalleger (2009) concordam que, aproximadamente em 1829, Peel instituiu a primeira força policial científica e organizada, com a criação da Polícia Metropolitana em Londres. O Departamento de Detectives de Peel foi criado para prevenir o crime e não para realizar investigações post factum. Dois detectives, oficiais com formação especializada, foram afectados a cada divisão da força estabelecida na Scotland Yard. Em 1850, após *uma* série de investigações bem sucedidas, as técnicas da Scotland Yard ficaram conhecidas como investigações forenses (Thomson, 2005), um termo que é sinónimo de tácticas científicas, técnicas, metódicas ou sistemáticas.

À medida que o estudo da ciência forense evoluiu, a utilização de técnicas analíticas foi alargada e utilizada de forma rotineira pelo FBI e pelas autoridades policiais estatais, locais e tribais. Os programas desenvolvidos para integrar as mais recentes tecnologias na utilização do policiamento moderno incluíram o Sistema de Informação Geográfica e o ADN. O mapeamento de crimes há muito tempo é visto como um componente básico da análise de crimes na aplicação da lei (Boba, 2005; Carter, 2009; Goodchild, 2013; Theoharis et al., 1999).

Manning (2001) sugeriu que a tecnologia de análise criminal era uma das ferramentas mais poderosas disponíveis para a polícia prevenir, reduzir e controlar o crime e a desordem. No entanto, Nuth (2008) considerou os avanços tecnológicos tão benéficos para os infractores como para a aplicação da lei e descreveu a Internet como uma porta de entrada para os criminosos. Dada a importância da tecnologia, o Police Executive Research Forum (PERF), em conjunto com a organização de proteção de conceitos avançados e o grupo de apoio à aplicação da lei da Lockheed Martin, realizou um inquérito aos agentes da autoridade de 300 agências policiais (PERF, 2010). Os participantes incluíam analistas de crime, chefes de polícia, diretores, agentes da polícia em geral e pessoal profissional. A maioria desses participantes considerou a tecnologia uma alta prioridade para melhorar a eficácia dos policiais, particularmente quando a tecnologia foi usada na análise de crimes (PERF, 2010).

É geralmente aceite que August Vollmer, chefe do departamento de polícia de Berkley, Califórnia, desenvolveu a classificação científica sistemática dos métodos de operação dos infractores conhecidos, também referidos como modus operandi, que pode ser considerada a pedra angular das investigações modernas (Boba, 2005; Gottlieb et al., 1998; Peak, 2009; Schultz, 1968). Da mesma forma, o desenvolvimento de Vollmer dos mapas de pinos ou de pontos usados para identificar áreas de concentração de chamadas de serviço e locais de crime pode ter sido o primeiro uso da análise de crime para orquestrar a distribuição da força de trabalho dos policiais (Boba, 2005; Gottlieb et al., 1998). De acordo com Gottlieb et al., "na suposição de regularidade do crime e ocorrências similares, é possível tabular essas ocorrências dentro de uma cidade e assim determinar os pontos que têm o maior perigo de tais crimes e quais pontos têm o menor perigo" (p. 2)

Wilson (1968) expandiu a teoria inicial de Vollmer no que diz respeito à identificação de áreas de concentração de crime e forneceu uma abordagem sistemática para a distribuição da força de trabalho policial (Boba, 2005; Gottlieb et al., 1998). Essa abordagem focada foi um dos primeiros usos oficiais do termo análise de crime com relação a um exame crítico de informações de crime e o desenvolvimento de uma resposta adequada para deter o crime. A abordagem de Wilson foi a criação de uma secção de análise de crime de indivíduos especialmente treinados dentro dos departamentos de polícia com a responsabilidade de examinar relatórios diários de crimes graves e identificar padrões e outras semelhanças na localização, tempo, e outros eventos.

Esses dados seriam então usados para ajudar a direcionar recursos para o controle do crime (Gottlieb et al., 1998). Carter (2009) descreveu a análise criminal como a identificação "dos efeitos interactivos e da covariância de variáveis explícitas de crimes que ocorreram, a fim de determinar as metodologias de um perpetrador" (p. 83), o que sugere que, quando a análise preditiva é aplicada, é possível prever os comportamentos futuros prováveis dos infractores ou a ocorrência de actividades criminosas futuras.

Para compreender como os analistas criminais são comparáveis à tecnologia, é importante reconhecer o objetivo e as funções que os analistas criminais desempenham. Gottlieb et al. (1998) sugeriu que os analistas criminais aplicam métodos científicos para identificar "quem está a fazer o quê a quem" (p.ll). Além disso, Gottlieb et al. descreveram a função dos analistas criminais como pessoas hábeis em identificar padrões e relações entre dados criminais e outras fontes de dados relevantes. O objetivo dos analistas criminais é priorizar e direcionar os recursos policiais para interromper ou interditar o crime e o criminoso prolífico (Ratcliffe, 2008; Ratcliffe & Guidetti, 2008). Os produtos desenvolvidos ou divulgados pelos analistas criminais consistem tipicamente em relatórios técnicos, análises preditivas e estimativas desenvolvidas através de análises extensivas (Ratcliffe & Guidetti, 2008).

Ratcliffe (2002) revelou, no que diz respeito ao funcionamento dos analistas criminais e ao seu papel como peritos técnicos, que os agentes da polícia se sentiam pouco à vontade para aceitar recomendações de pessoal não policial. O investigador sugeriu que os inquiridos viam as recomendações dos analistas criminais como uma intromissão na função de aplicação da lei dos agentes da polícia. Embora Ratcliffe e Guidetti (2008) tenham atribuído essas perspectivas da polícia a uma falta de compreensão do papel do analista criminal, o modelo de aceitação de tecnologia de Davis (1989) apoia a falta de utilização de analistas criminais. Uma análise do modelo de aceitação da tecnologia de Davis (1989) sugeriu que as percepções apresentadas pelos agentes da polícia podem ter sido baseadas na perceção da falta de utilidade dos analistas criminais. As atitudes negativas dos agentes da polícia contribuem para a integração e apoio incompletos dos analistas criminais nas organizações policiais (Ratcliffe & Guidetti, 2008).

Bruce (2004) completou uma pesquisa com analistas de crime focada na identificação de métodos para analistas de crime usarem em um esforço para superar a hostilidade dos policiais. Bruce identificou vários factores que contribuíram para a hostilidade dos agentes da polícia em relação aos analistas criminais, que incluíam o estatuto profissional da posição de analista criminal como um civil ou um agente da polícia, a insegurança por parte do agente da polícia quanto à forma como o seu desempenho no trabalho poderia ser visto negativamente com base nos relatórios dos analistas criminais, uma crença inerente de que os analistas criminais não sabiam e não podiam saber mais do que os próprios agentes da polícia, e uma resistência geral à mudança ou ao progresso.

Ao contrário de estudos anteriores que citam a natureza ambivalente e sem apoio da polícia oficiais, Taylor et al. (2007) concluíram que, em geral, a gestão da polícia estava amplamente satisfeita com os analistas de crime. Taylor et al. (2007) discutiram as lacunas no seu estudo, incluindo a falta de dados sobre a compreensão dos agentes da polícia sobre os papéis, responsabilidades e funções do analista criminal, o nível de integração dos analistas criminais dentro do campo da aplicação da lei, e a aceitação da análise criminal como uma função dentro das agências de aplicação da lei.

Kowitlawakul (2011) examinou os factores e os preditores que influenciaram a intenção dos enfermeiros de utilizar a tecnologia da telemedicina no contexto dos cuidados de saúde. Foi desenvolvido o modelo de aceitação da tecnologia de telemedicina e o autor realizou um inquérito a 117 enfermeiros. O autor verificou que a perceção da facilidade de utilidade era mais influente nas atitudes dos enfermeiros relativamente à utilização da unidade de cuidados intensivos eletrónica (eICU) do que a perceção da utilidade da eICU. A conclusão que se pode tirar do estudo de Kowitlawakul é que a facilidade de utilização da tecnologia aumenta a probabilidade de utilização da tecnologia. Estes resultados podem ser úteis para enquadrar a introdução de novas tecnologias ao pessoal da organização; quanto mais fácil for a perceção da utilização da tecnologia, maior será a probabilidade da sua utilização. Kowitlawakul acrescentou cautelosamente que a população dos

participantes pode muito bem ter desempenhado um papel nos resultados, sugerindo que os

resultados podem não ser generalizáveis

em toda a comunidade médica.

Poder-se-ia argumentar que existiam semelhanças profissionais gerais entre enfermeiros e

polícias, o que poderia resultar numa expetativa semelhante da facilidade de utilização percebida da

tecnologia. Esta avaliação foi apoiada pela teoria da ação fundamentada de Ajzen (2012), uma

teoria utilizada para a previsão da intenção comportamental que abrange as previsões de atitudes e

comportamentos. Uma vez que tanto a polícia como os enfermeiros são mais propensos a responder

a questões ou problemas inesperados que envolvem indivíduos, a mentalidade pode sugerir uma

expetativa de que o equipamento técnico funcionará quando necessário e realizará a tarefa

pretendida.

Lin, Shih e Sher (2007) integraram o modelo de preparação para a tecnologia com o modelo

de aceitação da tecnologia para criar o modelo de preparação e aceitação da tecnologia. Através de

um inquérito na Web a 406 inquiridos em vários fóruns de discussão sobre negócios e comércio de

Taiwan, os investigadores do descobriram que o impacto da preparação para a tecnologia na

intenção de utilização era mediado pelas percepções de utilidade e facilidade de utilização. Lin et al.

(2007) teorizaram que o modelo de preparação e aceitação da tecnologia é um método superior para

avaliar a aceitação voluntária da tecnologia quando essa aceitação não é obrigatória.

As implicações teóricas do estudo de Lin et al. (2007), embora não sejam necessariamente

aplicáveis à polícia e a outras entidades públicas com pouco controlo sobre a seleção de

tecnologias, oferecem algumas ideias sobre a adoção de tecnologias. Lin et al. (2007) infere que, ao

incluir a opção de adoção ou rejeição, a tecnologia adoptada pode ser mais suscetível de ser

apoiada, em vez de sofrer resistência.

Adaptação tarefa-tecnologia

A análise da literatura de Legris, Ingham e Collerette (2003) sobre a aceitação da tecnologia validou o modelo de aceitação da tecnologia de Davis (1986, 1989, 1993). Os resultados de Legris et al. inferiram um tema comum de utilidade percebida como o principal contribuinte para a adoção da tecnologia. Legris et al. e Goodhue e Thompson (1995) concordaram no que respeita à forma como a adaptação tarefa-tecnologia pode influenciar o desempenho individual. Goodhue e Thompson rotularam o seu modelo de investigação de cadeia tecnologia-desempenho e afirmaram que, para que a tecnologia da informação tenha um impacto positivo no desempenho individual, a tecnologia tem de se adequar bem às tarefas que suporta. Legris et al. e Goodhue e Thompson afirmaram que a perceção de utilidade da tecnologia que se adequa à tarefa pretendida resulta numa maior aceitação e utilização da tecnologia.

Schrier, Erdem e Brewer (2010) avaliaram a aplicação do modelo de aceitação de tecnologia com ajuste tarefa-tecnologia para examinar as tecnologias de capacitação dos hóspedes no sector dos serviços hoteleiros. Schrier et al. explicaram que as tecnologias de capacitação dos hóspedes eram sistemas electrónicos que permitiam aos hóspedes do hotel um maior controlo pessoal sobre a sua estadia e proporcionavam mais comodidade aos hóspedes sem a intervenção do pessoal do hotel. As tecnologias analisadas incluíam sistemas de check-out no quarto, sistemas de entretenimento no quarto, serviços de impressão a pedido, quiosques no átrio e sistemas de reserva em linha. O estudo de Schrier et al. consistiu num inquérito a 191 participantes, que revelou que a adequação da tecnologia às tarefas tinha uma relação positiva com a facilidade de utilização e a utilidade percebidas. À semelhança de outros estudos relacionados com o modelo de aceitação da tecnologia, Schrier et al. confirmaram que quanto mais positiva for a atitude do utilizador em relação ao valor da tecnologia, maior será a probabilidade de utilizar a tecnologia.

Aceitação da tecnologia pela polícia

Um estudo de 2010 do Fórum de Investigação de Executivos da Polícia (PERF) sobre a avaliação das necessidades tecnológicas da aplicação da lei recebeu respostas de 216 das 300 agências policiais inquiridas. Os investigadores do PERF classificaram as capacidades de análise criminal entre as necessidades mais importantes identificadas. A justificação para a classificação incluía a necessidade de melhorar a atribuição de recursos, o controlo de gestão e a responsabilização. Os participantes no inquérito discutiram o papel da análise criminal e sugeriram que a centralização dos analistas criminais contribuiria para a sua formação, contratação e retenção. Embora tenha havido uma concordância geral em relação à necessidade e utilidade da adoção de tecnologia, uma barreira comum e significativa identificada foi a falta de financiamento.

Nunn e Quinet (2002) sugeriram que a polícia é frequentemente alvo de uma barragem de tecnologias de comunicação que prometem maior produtividade e eficiência, mas que não cumprem as suas promessas. Copeland (1996) sugeriu que o ceticismo profissional inerente a muitos agentes da polícia, resultante de expectativas não satisfeitas em relação às novas tecnologias, contribuiu para o descontentamento geral dos agentes da polícia em relação à tecnologia. A combinação de expectativas anteriores não satisfeitas com o ceticismo geral dos agentes da polícia contribuiu provavelmente para o atraso na aceitação da tecnologia por parte dos agentes da polícia. Colvin e Goh (2005) revelaram que a perceção geral dos agentes da polícia em relação à tecnologia era positiva. O estudo de Colvin e Goh centrou-se no imediatismo e na qualidade da informação, o que poderia traduzir-se na utilização efectiva da tecnologia discutida por Davis (1989). Por outras palavras, Davis inferiu que a relação entre a utilidade e a utilização da tecnologia era mais importante do que a facilidade de utilização e a utilização da tecnologia. Além disso, Colvin e Goh concluíram que quanto mais útil for a tecnologia e quanto maior for a sua necessidade, maior será a probabilidade de a tecnologia ser utilizada.
seria aceite pelos agentes da polícia.

Resumo

Estudos anteriores sugeriram que quando a tecnologia demonstra eficácia, os utilizadores aceitam-na mais facilmente. No que se refere aos analistas criminais, se as funções que desempenham puderem ser associadas à missão dos agentes da polícia, poderá resultar uma perceção positiva da utilidade dos analistas criminais. Do mesmo modo, a perceção da utilidade dos analistas criminais por parte dos agentes de polícia poderá ter como consequência uma perceção positiva da facilidade de utilização dos analistas criminais por parte dos agentes de polícia. O resultado das percepções positivas dos analistas criminais por parte dos agentes de polícia poderia resultar numa maior utilização dos produtos e informações dos analistas criminais e reduzir os incidentes criminais.

CAPÍTULO 3

METODOLOGIA

Objetivo do estudo

Os problemas abordados no presente estudo foram as duas lacunas aparentes na literatura de investigação em torno das percepções dos agentes da polícia sobre os analistas criminais. A primeira lacuna apareceu na forma de pesquisa publicada limitada sobre as percepções dos agentes da polícia sobre os analistas de crime. Embora a análise criminal tenha sido estudada desde a década de 1990, a maioria dos estudiosos se concentrou em definir o papel dos analistas criminais (Peterson, 1993), e examinar as perspectivas dos gestores e líderes da polícia em relação ao desempenho dos analistas criminais (Taylor et al., 2007). Outros pesquisadores examinaram as percepções gerais que os analistas de crime tinham de si mesmos e dos policiais, mas apenas parcialmente abordaram a perceção que os policiais tinham dos analistas de crime (Bruce, 2004). Assim, uma pesquisa adicional foi recomendada a fim de reunir dados relativos às percepções e atitudes dos oficiais de nível de linha e pessoal de gestão sobre a análise criminal. Informações adicionais são necessárias para confirmar ou refutar as percepções dos analistas sobre o pessoal juramentado, e sobre si mesmos (Taylor et al., 2007). A segunda lacuna na literatura existente apareceu na forma de pesquisa publicada limitada sobre o efeito de variáveis, incluindo idade, sexo, anos de serviço, e nível de educação sobre as percepções dos policiais sobre os analistas de crime. Além disso, há pouco conhecimento sobre os efeitos de correlação da idade, género, anos de serviço, ou educação sobre a utilidade percebida pelos agentes de polícia e a facilidade de uso percebida dos analistas de crime.

A questão e a hipótese de investigação colocadas no Capítulo 1 foram testadas através da análise de correlação e abordaram lacunas na literatura de investigação

RQ1. Quais são as percepções dos analistas criminais por parte dos agentes da polícia?

H1. Existe uma diferença estatisticamente significativa na perceção da facilidade de utilização ou da utilidade devido à idade dos agentes da polícia.

H01. Não existe uma diferença estatisticamente significativa na perceção da facilidade de utilização ou da utilidade em função da idade dos agentes da polícia.

H2. Existe uma diferença estatisticamente significativa na perceção da facilidade de utilização ou da utilidade devido aos anos de serviço dos agentes da polícia.

H02. Não existe uma diferença estatisticamente significativa na perceção da facilidade de utilização ou da utilidade em função do tempo de serviço dos agentes de polícia.

H3. Existe uma diferença estatisticamente significativa na perceção da facilidade de utilização ou da utilidade em função do nível de instrução dos agentes de polícia.

H03. Não existe uma diferença estatisticamente significativa na perceção da facilidade de utilização ou da utilidade devido ao nível de habilitações literárias dos agentes de polícia.

H4. Existe uma diferença estatisticamente significativa na perceção da facilidade de utilização ou da utilidade devido ao género dos agentes de polícia.

H04. Não existe uma diferença estatisticamente significativa na perceção da facilidade de utilização ou da utilidade em função do género dos agentes de polícia.

O objetivo deste capítulo é identificar e descrever a conceção da investigação utilizada para responder às questões de investigação propostas. O capítulo começa por apresentar a conceção da investigação. Em seguida, descreve-se a população-alvo e a seleção dos participantes. Depois, serão explicados os procedimentos específicos de amostragem, os instrumentos e os procedimentos de recolha de dados. O capítulo termina com a análise de dados proposta, as conclusões esperadas e as considerações éticas.

Conceção da investigação

Estudiosos anteriores utilizaram metodologias de investigação quantitativa e estudos correlacionais (Peterson, 1993; Taylor et al., 2007) com inquéritos de auto-relato (Bruce, 2004; O'Shea & Nicholls, 2003; Taylor et al., 2007). O presente estudo também utilizou técnicas quantitativas para recolher, analisar e fornecer análises estatísticas. A utilização do método quantitativo permitiu ao investigador tirar conclusões menos objectivas do estudo.

A intenção do investigador ao utilizar um inquérito baseado na Internet era permitir que os participantes revelassem informações pessoais e relatassem honestamente as suas percepções em relação aos analistas criminais. A administração do inquérito com base na Internet permitiu ao investigador recolher dados de um grande número de participantes para fornecer uma avaliação da perceção geral que os agentes da polícia tinham em relação aos analistas criminais.

População-alvo e seleção dos participantes

Os participantes foram recrutados na patrulha rodoviária estadual do estado do meio-oeste (SHP) e a população da amostra abrangeu várias idades, ambos os sexos, vários anos de serviço, e vários níveis de educação. Embora houvesse mais de 500 agências de polícia no estado, a SHP representava o maior número de agentes da lei juramentados que interagiam com analistas de crime; o centro de avaliação de inteligência do estado, como uma função dentro da SHP, servia agências de polícia em todo o estado (Monahan, 2010). Além disso, o inquérito foi limitado a militares com um conhecimento funcional, utilização e compreensão das tecnologias de aplicação da lei, analistas criminais e análise criminal.

A fim de obter o apoio dos tomadores de decisão, este pesquisador reuniu-se com os chefes de polícia, representantes do xerife, e o superintendente assistente do SHP do estado. Os decisores foram informados de que o objetivo do estudo era examinar a perceção dos agentes da polícia sobre a utilização e a facilidade de utilização dos analistas criminais. Eles discutiram o impacto que as crises orçamentais tinham infligido na contratação de oficiais adicionais para fornecer um nível

40

consistente de serviço policial. O investigador sugeriu o valor potencial que os produtos de análise criminal acrescentam e, quando utilizados, a forma como esses produtos podem melhorar significativamente as operações policiais. O investigador também explicou o estudo de Bruce (2004), no qual o autor indicou que os agentes da polícia tinham uma hostilidade geral em relação aos analistas criminais. Este pesquisador também sugeriu que a gama de utilidade percebida e a facilidade de uso percebida dos analistas de crime pelos policiais poderia fornecer estratégias para futuras decisões de força de pessoal. Como resultado das interações pessoais deste investigador com a liderança, foi obtido apoio por escrito para a realização do presente estudo. Os critérios para garantir que apenas policiais qualificados participassem do estudo incluíam:

1. Os participantes devem ser agentes ajuramentados de uma agência de aplicação da lei de um Estado dos EUA.

2. Os participantes devem consentir voluntariamente em participar no estudo.

3. Os participantes foram excluídos do estudo se não preenchessem os critérios.

4. Os participantes podiam abandonar o estudo em qualquer altura, sem qualquer repercussão.

5. Não foram recolhidas informações de identificação dos participantes neste estudo.

6. Assim que o participante submeteu as suas respostas em linha, os dados foram recolhidos e analisadas, e disponibilizadas aos decisores de cada organização de aplicação da lei participante.

O inquérito não foi aplicado noutras áreas devido a restrições de custos e recursos. O inquérito foi aplicado aos participantes em linha, utilizando um recurso baseado na Web. O investigador previu um grande interesse por este tema e esperava uma taxa de resposta elevada.

Instrumentos

O inquérito do modelo de aceitação da tecnologia desenvolvido por Davis (1986) foi utilizado com autorização no desenvolvimento do inquérito aos agentes da polícia para o presente estudo (ver Apêndice B). Davis (1989) utilizou a fórmula de profecia de Spearman-Brown, relacionada com a fiabilidade psicométrica, para selecionar o número de itens a gerar para cada escala. O investigador determinou que era necessário um mínimo de 10 itens para medir com precisão cada variável

perceptiva e obter uma fiabilidade de pelo menos 0,80 (Davis, 1986).

As escalas de medição de Davis (1986) foram adoptadas para utilização no presente estudo,

bem como a redação geral do instrumento de inquérito de aceitação da tecnologia de Davis. Apenas

uma pequena alteração na redação do instrumento de inquérito foi feita para se adequar à tecnologia

específica examinada no presente instrumento de inquérito. Taylor et al. (2007) incluíram os anos

de trabalho como analista, e o presente estudo incluiu os anos de serviço como agente da polícia. A

idade e o nível de escolaridade também foram incluídos como variáveis independentes no presente

estudo. Para ser um agente da polícia no estado, o indivíduo deve ter pelo menos 21 anos de idade e

ter pelo menos um diploma do ensino secundário ou o seu equivalente .

Após a pontuação inversa de alguns itens, foram calculadas as pontuações médias com base

nas respostas dos participantes a 14 itens. A pontuação de cada participante foi analisada utilizando

o software estatístico Statistical Package for the Social Sciences (SPSS) para calcular se existia uma

diferença significativa entre os dois grupos (teste t) ou relações significativas entre as variáveis

(correlação e regressão múltipla).

Os 14 itens propostos para o inquérito, em escala Likert, foram desenvolvidos de forma

semelhante aos propostos por Taylor et al. (2007), uma vez que cada conjunto de itens foi

concebido para medir a utilidade percebida e a facilidade de utilização percebida das variáveis

relacionadas com os analistas criminais. As 14 opções de resposta em escala Likert eram: concordo

totalmente; concordo; nem concordo nem discordo; discordo; discordo totalmente. Os itens

apresentados no inquérito também foram concebidos para medir a perceção geral dos analistas

criminais por parte dos agentes de polícia.

Embora o estudo de Davis (1989) se tenha centrado na aceitação da tecnologia da

informação, o seu modelo de aceitação da tecnologia centrou-se na questão "o que leva as pessoas a

aceitar ou rejeitar... a tecnologia? (p. 320). Davis descobriu que as pessoas tendiam a utilizar ou não

utilizar a tecnologia com base na medida em que consideravam que esta as ajudaria a desempenhar melhor as suas funções, o que ele designou por utilidade percebida. O estudo de Davis também revelou que, mesmo quando um potencial utilizador considerava que a tecnologia era útil, o grau de dificuldade e os benefícios para o desempenho influenciavam a perceção da facilidade de utilização. Os estudos de Keim (1976), Lucas (1978), Robey (1979), Schultz e Slevin (1975) concluíram que as atitudes e percepções favoráveis dos utilizadores em relação à tecnologia conduziam a uma maior utilização da tecnologia.

Tamanho da amostra

Os instrumentos de inquérito proporcionam aos investigadores a flexibilidade necessária para fazer inferências sobre uma população quando é possível obter uma amostra de grande dimensão (Creswell, 2012). Além disso, os inquéritos baseados na Web são normalmente menos dispendiosos de administrar em comparação com outros métodos e, ao tirar partido da tecnologia, os dados recolhidos podem ser prontamente codificados e analisados. Tal como sugerido por Gehlbach e Brinkworth (2011), os inquéritos que foram concebidos de forma eficaz geraram maior credibilidade.

Uma boa regra geral para determinar o número de participantes necessários para a análise de regressão é 50 + 8k = n, em que k representa o número de variáveis preditoras e n representa o número de participantes necessários para um estudo válido (Tabachnick & Fidell, 2007). Inicialmente, havia cinco variáveis preditoras esperadas no presente estudo, portanto (50 + 8(5)) = n ou um mínimo de 90 participantes. No entanto, o retorno do presente estudo foi de n = 178, o que foi considerado uma excelente taxa de retorno, ultrapassando o mínimo exigido.

Procedimentos de recolha de dados

O instrumento de recolha de dados para esta investigação baseou-se nas questões utilizadas por Davis (1989) na criação do modelo de aceitação da tecnologia, localizado na Figura 1. As questões foram apresentadas num inquérito com uma escala de Likert, em que os itens foram medidos numa escala de 1 = discordo totalmente a 5 = concordo totalmente. O inquérito foi dividido em duas categorias, com 14 perguntas apresentadas para avaliar a perceção da utilidade

43

dos analistas criminais e 14 perguntas apresentadas para avaliar a perceção da facilidade de utilização dos analistas criminais. Os participantes eram anónimos, o que impediu o investigador de fazer perguntas de seguimento para maior clareza.

Quando os participantes acederam ao inquérito da polícia, foram confrontados com três perguntas de qualificação às quais tinham de responder afirmativamente para poderem participar no estudo. As perguntas foram concebidas para eliminar as pessoas que não preenchiam os critérios necessários para completar o inquérito. Uma vez que o inquérito se baseava na Internet, eram apresentadas ao participante perguntas de qualificação, que o participante tinha de ler e confirmar o seu consentimento antes de lhe ser permitido o acesso ao inquérito. Os participantes que respondessem não a qualquer uma das três perguntas eram desqualificados para completar o inquérito, agradeciam o seu tempo e interesse e eram excluídos de qualquer outra participação. Para se qualificarem como participantes no estudo, os inquiridos tinham de responder afirmativamente às seguintes perguntas

- É um agente da polícia certificado em... ?
- Tem pelo menos 21 anos de idade?
- Consente voluntariamente em responder a este inquérito?

Procedimentos de análise de dados

O estado do Centro-Oeste exige que os agentes da polícia tenham pelo menos 21 anos de idade, mas não mais de 36 anos de idade, aquando da sua contratação inicial. As faixas etárias foram agrupadas em 18-44 anos, de modo a captar a idade mínima e máxima de contratação, e 45-64 anos, que consistia nas restantes faixas etárias. Os dados relativos à idade dos participantes foram recolhidos através de medidas categóricas. As categorias de idade foram 18-24; 25-34; 35-44; 45-54; e 55-64 (Chung, Park, Wang, Fulk, & McLaughlin, 2010). A média de idade dos participantes foi de 35-44 anos. Para realizar os testes t, os resultados foram divididos em dois grupos (18-44) e (45-64), que reflectiam a média aproximada dos participantes.

Os dados foram organizados num ficheiro do pacote estatístico para as ciências sociais

(SPSS), e foram realizadas análises de teste t para examinar as diferenças entre os polícias mais jovens (18-44) e os polícias mais velhos (45-64) no que diz respeito à perceção da facilidade de utilização e da utilidade dos analistas criminais. Os dados sobre a idade dos participantes foram analisados com as respostas de cada participante para os 14 itens do inquérito, que correspondiam à perceção da facilidade de utilização, e os 14 itens do inquérito, que correspondiam à perceção da utilidade.

Os tipos de dados utilizados para esta análise foram dados de rácio. Os dados foram organizados num ficheiro SPSS. Os dados relativos aos anos de serviço dos agentes da polícia foram recolhidos num contínuo e foi utilizada uma correlação bivariada de Pearson Product Momentcorrelation para analisar a associação entre os anos de serviço dos agentes da polícia e a perceção da facilidade de utilização e da utilidade dos analistas criminais.

Outros dados utilizados para esta análise foram dados ordinais. Os dados foram organizados num ficheiro SPSS. Foram efectuados testes T para examinar as diferenças nas percepções dos agentes da polícia em relação aos analistas criminais entre os agentes da polícia com diferentes níveis de educação. Os níveis de educação dos participantes serão divididos em duas categorias: polícias com um bacharelato ou um nível de educação superior e polícias com menos de um bacharelato. A análise do teste T foi utilizada para testar as diferenças entre os níveis de educação no que diz respeito à forma como podem influenciar a perceção da facilidade de utilização e da utilidade dos analistas criminais.

As respostas dos participantes à questão da educação foram recolhidas utilizando uma medida ordinal: ensino secundário, *grau de associado, alguns anos de faculdade que não resultaram num grau, grau de bacharelato* e *cursos ou graus para além do grau de bacharelato*. O nível de educação dos participantes foi ainda dividido em dois grupos. Um grupo era constituído por *participantes que tinham obtido um grau de* bacharelato *ou superior* e o outro por *participantes que ainda não tinham obtido um grau de bacharelato*.

A análise incluiu o exame dos factores de previsão das percepções da polícia sobre os analistas criminais utilizando regressões múltiplas. A regressão linear foi realizada nas variáveis de utilidade percebida e facilidade de uso percebida usando os dados dos participantes. Embora pudessem ter sido aplicadas numerosas variáveis, o presente estudo utilizou a idade, o género, os anos de serviço e a educação como variáveis independentes para responder às questões de investigação.

Hu, Chen, Hu, Larson, e Butierez (2011) descobriram que os agentes da autoridade não consideravam a tecnologia útil simplesmente porque era fácil de usar. Por conseguinte, este investigador propõe que os anos de serviço, a idade e a educação têm um efeito sobre a utilidade percebida e a facilidade de utilização percebida dos analistas criminais. Porter e Donthu (2006) revelaram efeitos significativos dos grupos mais velhos e menos instruídos na utilidade percebida e na facilidade de utilização da tecnologia. Ahmad et al. (2011) validaram a idade como estatisticamente significativa no que respeita ao modelo de aceitação da tecnologia de Davis (1989).

Os tipos de dados utilizados para a análise foram contínuos e categóricos, e os dados foram organizados num ficheiro SPSS. A análise de regressão múltipla padrão foi utilizada para determinar a significância entre as variáveis dependentes facilidade de utilização percebida e utilidade percebida, e as variáveis independentes idade, género, anos de serviço e níveis de educação. Foi utilizado um nível alfa de 0,05 para determinar a significância.

Considerações éticas e autorizações

Consentimento informado

Os potenciais participantes receberam uma descrição do estudo quando lhes foi enviado o e-mail inicial com uma mensagem do investigador a convidá-los a participar no estudo. Não foram utilizados formulários de consentimento escritos porque o inquérito era baseado na Web e administrado on-line. Para proteger a confidencialidade dos participantes, o inquérito foi administrado de forma anónima e apenas foram recolhidas informações demográficas básicas sobre idade, sexo, anos de serviço e habilitações literárias.

Quando os participantes decidiram participar no presente estudo, inscrevendo-se no inquérito, o primeiro ecrã que lhes foi apresentado foi um aviso de consentimento informado. Os participantes foram informados de que a participação no presente estudo era voluntária e que tinham a opção de interromper o preenchimento do inquérito em qualquer altura, sem receio de qualquer penalização. Os participantes foram informados de que as informações que forneceram seriam avaliadas e que seria criado e publicado um relatório generalizado para acesso público. Foram também informados de que a sua identificação e participação no estudo eram confidenciais.

Confidencialidade e anonimato

Os inquéritos foram devolvidos de forma anónima e os dados resultantes foram codificados para manter o anonimato dos participantes. Os inquéritos incompletos foram incluídos na contagem total de inquéritos recebidos, mas foram codificados como incompletos. Durante a análise dos dados, apenas as respostas codificadas e os dados compostos foram utilizados e os participantes individuais não puderam ser identificados.

CAPÍTULO 4

APRESENTAÇÃO DOS DADOS

Introdução

O objetivo deste estudo quantitativo era explorar a perceção que os agentes da polícia tinham em relação aos analistas criminais. Em particular, o estudo examina as atitudes dos agentes relativamente à perceção da utilidade e da facilidade de utilização dos analistas criminais. Além disso, a investigação procurou identificar se as variáveis idade, género, anos de serviço ou nível de educação estavam relacionadas com as percepções dos agentes da polícia sobre os analistas criminais.

Este capítulo contém os resultados da análise dos dados utilizados para responder às seguintes questões de investigação e testar as seguintes hipóteses:

RQ1. Quais são as percepções dos analistas criminais por parte dos agentes da polícia?

H1. Existe uma diferença estatisticamente significativa na perceção da facilidade de utilização ou da utilidade devido à idade dos agentes da polícia.

H01. Não existe uma diferença estatisticamente significativa na perceção da facilidade de utilização ou da utilidade em função da idade dos agentes da polícia.

H2. Existe uma diferença estatisticamente significativa na perceção da facilidade de utilização ou da utilidade devido aos anos de serviço dos agentes da polícia.

H02. Não existe uma diferença estatisticamente significativa na perceção da facilidade de utilização ou na perceção de utilidade em função do tempo de serviço dos agentes da polícia.

H3. Existe uma diferença estatisticamente significativa na perceção da facilidade de utilização ou da utilidade em função do nível de instrução dos agentes de polícia.

H03. Não existe uma diferença estatisticamente significativa na perceção da facilidade de utilização ou da utilidade em função do nível de instrução dos agentes de polícia.

H4. Existe uma diferença estatisticamente significativa na perceção da facilidade de

utilização ou

utilidade percebida em função do género dos agentes da polícia.

H04. Não existe uma diferença estatisticamente significativa na perceção da

facilidade de utilização ou na perceção da utilidade do em função do género

dos agentes da polícia.

O resto deste capítulo é constituído por uma apresentação dos dados descritivos, uma visão

geral dos procedimentos de análise dos dados, uma apresentação dos resultados estatísticos que

abordam as questões de investigação e as hipóteses correspondentes. O capítulo termina com um

resumo geral.

Wilson e Heinonen (2012) sugeriram que a recessão económica na América teve um

impacto significativo na estrutura e composição da força de trabalho da polícia. Um inquérito

realizado em 2008 pelo Police Executive Research Forum (Fischer, 2009) revelou que 63% dos

organismos que responderam ao inquérito tinham preparado planos para cortes de financiamento,

sendo que 31% dos cortes se destinavam a financiar o pessoal juramentado. Com o aumento da

pressão que a polícia estava a enfrentar em conjunto com a redução de pessoal, os organismos

policiais foram desafiados a continuar a prestar os mesmos ou maiores níveis de serviços à

comunidade com menos recursos (COPS, 2011).

Manning (2001) propôs que as informações policiais eram em grande parte recolhidas pelos

agentes da polícia e incorporadas em bases de dados, que acabavam por moldar a resposta da

polícia. A resposta da polícia pode ser inferida como alterações ao plano de distribuição dos

efectivos policiais ou redistribuição dos recursos policiais. Manning também revelou que a ligação

das informações recolhidas numa base de dados acessível aos agentes da polícia era problemática.

Os resultados poderiam ser uma redução da informação recolhida ou introduzida no sistema, uma

vez que o acesso dos principais contribuintes seria limitado. Manning concluiu que, no que respeita

à análise criminal, a falta de acesso em linha por parte dos agentes da polícia tornava a capacidade analítica ineficaz. As melhorias e os avanços tecnológicos podem remediar algumas das áreas de preocupação assinaladas por Manning. Os exemplos incluem melhorias nas redes virtuais de privacidade, maior utilização das Intranets da polícia (rede interna de partilha de comunicações) e respostas facilitadas da comunidade através da utilização da tecnologia wiki (Lips & Rapson, 2010) e das tecnologias de nuvem (Hardy, 2012).

Bruce (2004) identificou sete razões comuns para a resistência e hostilidade em relação à análise criminal, que incluiu desdém em relação ao processo de seleção de analistas, uma falta de confiança nas habilidades dos analistas, experiências negativas anteriores com o uso de produtos analíticos, e uma resistência geral ao progresso. Da mesma forma, Taylor et al. (2007) descobriram que os agentes da polícia eram ambivalentes e não apoiavam os analistas criminais ou a análise criminal. Foi postulado que as percepções e atitudes negativas dos agentes da polícia não se limitavam ao analista criminal e à análise criminal, mas podiam incluir outras formas de tecnologia.

O presente estudo baseou-se em trabalhos anteriores de Peterson (1993) que definiu amplamente as funções dos analistas criminais; Bruce (2004) e Taylor et al. (2007) no seu exame das percepções e atitudes dos analistas criminais a partir da perspetiva do analista; Colvin e Goh (2005) que enfatizam o profundo efeito que a tecnologia da informação teve sobre o desempenho do trabalho da polícia; e Taylor, Santos, e Egge, (2011), que examinaram as principais considerações para a integração bem-sucedida de analistas criminais em agências policiais. Colvin e Goh (2005) expandiram o modelo de aceitação da tecnologia de Davis (1989) e incluíram a qualidade e a atualidade da informação. Também recomendaram a realização de investigação adicional para abordar a relação entre factores biográficos, variáveis de personalidade e o modelo de aceitação da tecnologia. Taylor et al. (2011) recomendaram que se examinasse como a integração da análise criminal poderia tornar as agências policiais mais eficazes, bem como a necessidade de educar o campo do policiamento sobre os benefícios da análise criminal.

A teoria do modelo de aceitação de tecnologia de Davis (1986, 1989) serviu de base para a correlação entre a perceção de uso e a perceção de facilidade de uso da tecnologia, uma função muito semelhante à dos analistas criminais. Apenas *uma* pequena alteração na redação do instrumento de Davis (1989) foi feita para se adequar ao foco do presente estudo, que era a aceitação dos analistas criminais e não a aceitação da tecnologia.

O presente estudo utilizou um instrumento de inquérito baseado na Internet, porque é um meio expedito de chegar a grandes grupos de potenciais participantes e de mitigar potenciais preconceitos do investigador. O método quantitativo foi selecionado porque representa um meio relativamente simples de recolher dados de um grande grupo de participantes de uma forma que pode ser mais facilmente analisada, como demonstrado em estudos anteriores (Davis, 1989; Colvin & Goh, 2005; Taylor et al., 2007).

O teste t de amostras independentes foi selecionado porque permitiu a comparação de dois grupos de indivíduos diferentes, por exemplo, polícias mais velhos e mais novos. Além disso, foi utilizada uma regressão múltipla para determinar os melhores factores de previsão da utilidade percebida (PU) e da facilidade de utilização percebida (PEU) entre as variáveis idade, anos de serviço e habilitações literárias. As qualificações de um agente da polícia no Missouri incluem, no mínimo, um diploma do ensino secundário, um Diploma de Equivalência Geral (GED) ou equivalente (DPS, 2012).

Para lidar com a redução de pessoal, a polícia precisava usar os recursos disponíveis para o seu pleno potencial na luta contra o crime (Fischer, 2009; Peak, 2009; Schmalleger, 2009). Um recurso chave neste esforço pode ser o analista criminal (Astler, 2002; Baltaci, 2010). A perceção que os agentes de polícia têm dos analistas criminais, em termos de facilidade de utilização e utilidade, pode ter impacto no grau em que o analista criminal é utilizado como um recurso (Boba, 2000; Bruce, 2004; Celik, 2010). Era geralmente aceite que a tecnologia ou os recursos com utilidade ou finalidade limitada ou nula ou cuja utilização é excessivamente difícil são frequentemente ignorados, evitados ou abandonados (Chan, 2001; Colvin & Goh, 2005; Ellahi & Manarvi, 2010; Evans & Kebbell, 2012).

Os profissionais de investigação e os académicos há muito que definem os analistas criminais como pessoal que apoia a missão da polícia utilizando métodos sistemáticos de

informação, agregação e análise (Evans & Kebbell, 2012; Gottlieb et al., 1998; Santos, 2012).

Devido, em parte, à ampla missão dos analistas criminais, no que diz respeito ao apoio às

estratégias policiais de combate ao crime, é difícil quantificar o impacto direto dos analistas

criminais no leque de responsabilidades dos agentes policiais (Evans & Kebbell, 2012; Haley et al.,

2004; Jefferys, 2007).

Portanto, examinar a perceção que o oficial de polícia tem em relação aos analistas de crime

fornece uma visão quantificável da utilidade percebida e da facilidade de uso percebida dos

analistas de crime. De acordo com Davis (1989), a inferência é que os sistemas que foram

percebidos mais favoravelmente são usados mais, e aqueles percebidos menos favoravelmente são

usados menos ou não são usados. As percepções dos analistas criminais por parte dos agentes de

polícia podem influenciar a sua utilização. O final do Capítulo 4 apresentará um resumo dos

resultados dos dados em relação às questões de investigação.

Dados descritivos

A população-alvo deste estudo era constituída por agentes da polícia da patrulha estatal. Os

participantes foram recrutados numa patrulha estatal e a população da amostra abrangeu várias

idades, ambos os géneros, vários anos de serviço e níveis de educação. O Censo das Agências de

Aplicação da Lei Estaduais e Locais (CSLLEA) do Gabinete de Estatísticas da Justiça de 2012

revelou que existiam 17 985 agências de aplicação da lei estaduais e locais nos EUA.

(Departamento de Justiça dos EUA, 2012). A patrulha estatal ou a polícia estatal estão

representadas em todos os estados dos EUA e acedem à rede do Sistema Regional de Partilha de

Informações (RISSNET), um programa de partilha de informações financiado e administrado pelo

Congresso (Serrao, 2009). A rede do Sistema Regional de Partilha de Informação apoiava as

necessidades analíticas de investigação das agências de aplicação da lei locais, estatais, federais e

tribais, e como a polícia estatal e a patrulha estatal representavam uma das maiores concentrações

de agentes policiais a interagir com analistas de crime, os agentes policiais da patrulha estatal foram recrutados para participar no presente estudo. Além disso, o inquérito foi limitado a agentes com um conhecimento funcional, utilização e compreensão das tecnologias de aplicação da lei, analistas criminais e análise criminal.

Análise de dados

Para determinar as percepções dos analistas de crime dos agentes de polícia, 238 agentes de polícia responderam ao presente estudo, no entanto, apenas 178 agentes de polícia completaram o inquérito em três partes (ver Apêndice B). Devido à natureza anónima do inquérito, não foi possível um contacto de acompanhamento para determinar por que razão os não participantes iniciaram mas não completaram o inquérito. Com a devolução de 238 inquéritos utilizáveis, a taxa de resposta foi de 74,78%, o que foi considerado bastante elevado para estratégias de amostragem como as utilizadas neste estudo (Lin, 1976). Ao garantir o anonimato dos agentes que responderam, o presente estudo renunciou à possibilidade de reamostragem dos não respondentes. A composição por género dos participantes no estudo pode ser vista no Quadro 1. Os dados descritivos indicam que a grande maioria dos participantes era do sexo masculino (94,9%). Por conseguinte, a amostra era homogénea em termos de género.

Visão geral dos resultados

Table 1. Resultados demográficos para o género

Variable	Frequency
Male	169
Female	9
n	178

A composição etária dos participantes é apresentada na Tabela 2. Os dados descritivos indicam que o grupo etário mais comum é o dos 35-44 anos (36,5%), seguido do grupo dos 45-54 anos (30,9%). De um modo geral, registou-se uma boa heterogeneidade em termos de idade dos agentes da polícia.

53

Table 2. Grupos etários dos participantes no inquérito

Age Range	Frequency	Percent
18-24 Years of age	9	5.1
25-34 Years of age	34	19.1
35-44 Years of age	65	36.5
45-54 Years of age	55	30.9
55-64 Years of age	15	8.4

Nota. n = 178

O nível de escolaridade dos participantes está resumido na Tabela 3. Os dados descritivos indicam que as habilitações literárias dos participantes são relativamente heterogéneas, sendo o grau de bacharelato o mais comum (46,1%), seguido de um grau de associado (19,7%). Apenas 2,8% dos participantes tinham apenas o ensino secundário.

Tabela 3. Nível de escolaridade dos participantes no inquérito

Education	Frequency	Percent
High school	5	2.8
Associate's degree	35	19.7
Some college	30	16.9
Baccalaureate degree	82	46.1
Beyond baccalaureate degree	26	14.6

Nota . n = 178

O nível de habilitações literárias foi descrito mais pormenorizadamente no Quadro 4. Os dados descritivos indicaram que a maioria dos participantes obteve um grau de bacharelato ou um nível de ensino superior (60,7%).

Table 4. Participante no inquérito Nível de instrução Licenciatura ou sem licenciatura

Education	Frequency	Percent
No bachelor degree	70	39.3
Bachelor degree or higher	108	60.7

Nota. n = 178

As Tabelas 5 a 18 contêm distribuições de frequência para cada item de pergunta que dizia respeito à utilidade percebida. A segunda parte do inquérito continha 14 perguntas utilizadas para medir a facilidade de utilização dos analistas criminais pelos agentes da polícia, que utilizaram uma

escala de Likert de 5 pontos e um alfa de Cronbach = 0,91.

Table 5. Respostas dos participantes à pergunta 1 do inquérito

My job would be difficult to perform without crime analysts.

Agreement Level	Frequency	Percent
Strongly disagree	12	6.7
Disagree	32	18.0
Neither agree nor disagree	59	33.1
Agree	60	33.7
Strongly agree	15	8.4

Nota. n = 178

Table 6. Respostas dos participantes à pergunta 2 do inquérito

Using crime analysts gives me greater control over my work.

Agreement Level	Frequency	Percent
Strongly disagree	7	3.9
Disagree	29	16.3
Neither agree nor disagree	69	38.8
Agree	64	36.0
Strongly agree	7	3.9

Nota. n = 178

Tabela 7. Respostas dos participantes à pergunta 3 do inquérito

Using crime analysts improves my job performance.

Agreement Level	Frequency	Percent
Strongly disagree	8	4.5
Disagree	30	16.9
Neither agree nor disagree	53	29.8
Agree	76	42.7
Strongly agree	11	6.2

Nota. n = 178

Tabela 8. Respostas dos participantes à pergunta 4 do inquérito

The crime analysts address my job related needs.

Agreement Level	Frequency	Percent

Strongly disagree	6	3.4
Disagree	35	19.7
Neither agree nor disagree	66	37.1
Agree	61	34.3
Strongly agree	10	5.6

Nota. n = 178

Tabela 9. Respostas dos participantes à pergunta 5 do inquérito

Using crime analysts saves me time.

Agreement Level	Frequency	Percent
Strongly disagree	7	3.9
Disagree	35	19.7
Neither agree nor disagree	60	33.7
Agree	57	32.0
Strongly agree	19	10.7

Nota. n = 178

Tabela 10. Respostas dos participantes à pergunta 6 do inquérito

Crime analysts enable me to accomplish tasks more quickly.

Agreement Level	Frequency	Percent
Strongly disagree	6	3.4
Disagree	38	21.3
Neither agree nor disagree	62	34.8
Agree	55	30.9
Strongly agree	17	9.6

Nota. n = 178

Tabela 11. Respostas dos participantes à pergunta 7 do inquérito

Crime analysts support critical aspects of my job.

Agreement Level	Frequency	Percent
Strongly disagree	5	2.8
Disagree	25	14.0
Neither agree nor disagree	62	34.8
Agree	67	37.6
Strongly agree	19	10.7

Nota. n = 178

Tabela 12. Respostas dos participantes à pergunta 8 do inquérito

Using crime analysts allows me to accomplish more work than would otherwise be possible.

Agreement Level	Frequency	Percent
Strongly disagree	9	5.1
Disagree	39	21.9
Neither agree nor disagree	61	34.3
Agree	55	30.9
Strongly agree	14	7.9

Nota. n = 178

Tabela 13. Respostas dos participantes à pergunta 9 do inquérito

Using crime analysts reduces the time I spend on unproductive activities.

Agreement Level	Frequency	Percent
Strongly disagree	10	5.6
Disagree	39	21.9
Neither agree nor disagree	72	40.4
Agree	50	28.1
Strongly agree	7	3.9

Nota. n = 178

Tabela 14. Respostas dos participantes à pergunta 10 do inquérito

Using crime analysts enhances my effectiveness on the job.

Agreement Level	Frequency	Percent
Strongly disagree	8	4.5
Disagree	27	15.2
Neither agree nor disagree	52	29.2
Agree	79	44.4
Strongly agree	12	6.7

Nota. n = 178

Tabela 15. Respostas dos participantes à pergunta 11 do inquérito

Using crime analysts improves the quality of the work I do.

Agreement Level	Frequency	Percent
Strongly disagree	7	3.9
Disagree	42	23.6
Neither agree nor disagree	59	33.1
Agree	58	32.6
Strongly agree	12	6.7

Nota. n = 178

Tabela 16. Respostas dos participantes à pergunta 12 do inquérito

Using crime analysts increases my productivity.

Agreement Level	Frequency	Percent
Strongly disagree	10	5.6
Disagree	39	21.9
Neither agree nor disagree	66	37.1
Agree	54	30.3
Strongly agree	9	5.1

Nota. n = 178

Tabela 17. Respostas dos participantes à pergunta 13 do inquérito

Using crime analysts makes it easier to do my job.

Agreement Level	Frequency	Percent
Strongly disagree	7	3.9
Disagree	36	20.2
Neither agree nor disagree	60	33.7
Agree	61	34.3
Strongly agree	14	7.9

Nota. n = 178

Tabela 18. Respostas dos participantes à pergunta 14 do inquérito

Overall, I find crime analysts useful in my job.

Agreement Level	Frequency	Percent
Strongly disagree	6	3.4
Disagree	22	12.4
Neither agree nor disagree	54	30.3
Agree	77	43.3
Strongly agree	19	10.7

Nota. n = 178

As tabelas 19 a 32 contêm a distribuição de frequências para cada item de pergunta relacionado com a perceção da facilidade de utilização.

Tabela 19. Respostas dos participantes à pergunta 15 do inquérito

I often become confused when I use crime analysts.

Agreement Level	Frequency	Percent
Strongly disagree	10	5.6
Disagree	75	42.1
Neither agree nor disagree	83	46.6
Agree	10	5.6
Strongly agree	10	5.6

Nota. n = 178

Tabela 20. Respostas dos participantes à pergunta 16 do inquérito

I make errors frequently when using crime analysts.

Agreement Level	Frequency	Percent
Strongly disagree	4	2.2
Disagree	80	44.9
Neither agree nor disagree	80	44.9
Agree	14	7.9
Strongly agree	4	2.2

Nota. n = 178

Tabela 21. Respostas dos participantes à pergunta 17 do inquérito

Interacting with crime analysts is often frustrating.

Agreement Level	Frequency	Percent
Strongly disagree	2	1.1
Disagree	16	9.0
Neither agree nor disagree	77	43.3
Agree	66	37.1
Strongly agree	17	9.6

Nota. n = 178

Tabela 22. Respostas dos participantes à pergunta 18 do inquérito

I need to consult the regulations often when using crime analysts.

Agreement Level	Frequency	Percent
Strongly disagree	9	5.1
Disagree	86	48.3
Neither agree nor disagree	70	39.3
Agree	13	7.3
Strongly agree	9	5.1

Nota. n = 178

Tabela 23. Respostas dos participantes à pergunta 19 do inquérito

Interacting with crime analysts requires a lot of my mental effort.

Agreement Level	Frequency	Percent
Strongly disagree	9	5.1
Disagree	86	48.3
Neither agree nor disagree	70	39.3
Agree	13	7.3
Strongly agree	9	5.1

Nota. n = 178

Tabela 24. Respostas dos participantes à pergunta 20 do inquérito

I find it easy to recover from errors encountered while using crime analysts.

Agreement Level	Frequency	Percent
Strongly disagree	3	1.7
Disagree	21	11.8
Neither agree nor disagree	133	74.7
Agree	18	10.1
Strongly agree	3	1.7

Nota. n = 178

Tabela 25. Respostas dos participantes à pergunta 21 do inquérito

Crime analysts are rigid and inflexible to interact with.

Agreement Level	Frequency	Percent
Strongly disagree	2	1.1
Disagree	8	4.5
Neither agree nor disagree	93	52.2
Agree	62	34.8
Strongly agree	13	7.3

Nota. n = 178

Tabela 26. Respostas dos participantes à pergunta 22 do inquérito

I find it easy to get crime analysts to do what I want.

Agreement Level	Frequency	Percent
Strongly disagree	3	1.7
Disagree	20	11.2
Neither agree nor disagree	106	59.6
Agree	41	23.0
Strongly agree	8	4.5

Nota. n = 178

Tabela 27. Respostas dos participantes à pergunta 23 do inquérito

Crime analysts often behave in unexpected ways.

Agreement Level	Frequency	Percent
Strongly disagree	1	0.6
Disagree	3	1.7
Neither agree nor disagree	110	61.8
Agree	54	30.3
Strongly agree	10	5.6

Nota. n = 178

Tabela 28. Respostas dos participantes à pergunta 24 do inquérito

I find it cumbersome to use crime analysts.

Agreement Level	Frequency	Percent
Strongly disagree	2	1.1
Disagree	13	7.3
Neither agree nor disagree	90	50.6
Agree	60	33.7
Strongly agree	2	1.1

Nota. n = 178

Tabela 29. Respostas dos participantes à pergunta 25 do inquérito

My interaction with crime analysts is easy for me to understand.

Agreement Level	Frequency	Percent
Strongly disagree	2	1.1
Disagree	13	7.3
Neither agree nor disagree	90	50.6
Agree	60	33.7
Strongly agree	2	1.1

Nota. n = 178

Tabela 30. Respostas dos participantes à pergunta 26 do inquérito

It is easy for me to remember how to perform tasks using crime analysts.

Agreement Level	Frequency	Percent
Strongly disagree	6	3.4
Disagree	10	5.6
Neither agree nor disagree	125	70.2
Agree	32	18.0
Strongly agree	5	2.8

Nota. n = 178

Tabela 31. Respostas dos participantes à pergunta 27 do inquérito

Crime analysts provide helpful guidance in performing tasks.

Agreement Level	Frequency	Percent
Strongly disagree	5	2.8
Disagree	11	6.2
Neither agree nor disagree	90	50.6
Agree	62	34.8
Strongly agree	10	5.6

Nota. n = 178

Tabela 32. Respostas dos participantes à pergunta 28 do inquérito

Overall, I find crime analysts easy to use.

Agreement Level	Frequency	Percent
Strongly disagree	2	1.1
Disagree	14	7.9
Neither agree nor disagree	92	51.7
Agree	58	32.6
Strongly agree	12	6.7

Nota. n = 178

Pormenores da análise

As hipóteses e as hipóteses nulas do presente estudo foram examinadas tanto para a perceção de utilidade como para a perceção de facilidade de utilização. A variável incluía a idade do agente da polícia, os anos de serviço e o nível de escolaridade. Embora o género tenha sido explorado como uma variável, os resultados do estudo revelaram um número insuficiente de participantes do sexo feminino (n=9) para refletir uma representação válida da população.

RQ1. Quais são as percepções dos analistas criminais por parte dos agentes da polícia?

H1. Existe uma diferença estatisticamente significativa na perceção da facilidade de utilização ou da utilidade devido à idade dos agentes da polícia.

H01. Não existe uma diferença estatisticamente significativa na perceção da facilidade de utilização ou da utilidade em função da idade dos agentes da polícia.

H2. Existe uma diferença estatisticamente significativa na perceção da facilidade de utilização ou da utilidade devido aos anos de serviço dos agentes da polícia.

H02. Não existe uma diferença estatisticamente significativa na perceção da facilidade de utilização ou da utilidade em função do tempo de serviço dos agentes de polícia.

H3. Existe uma diferença estatisticamente significativa na perceção da facilidade de utilização ou da utilidade em função do nível de instrução dos agentes de polícia.

H03. Não existe uma diferença estatisticamente significativa na perceção da facilidade de utilização ou da utilidade em função do nível de habilitações académicas dos agentes de polícia.

H4. Existe uma diferença estatisticamente significativa na perceção da facilidade de

utilização ou da utilidade do em função do género dos agentes de polícia.

H04. Não existe uma diferença estatisticamente significativa na perceção da facilidade de

utilização ou da utilidade em função do género dos agentes de polícia.

Tabela 33. Perceção dos agentes de polícia sobre a utilidade e a facilidade de utilização dos

analistas de criminalidade

Perception	Mean	Standard Deviation
Perceived Usefulness	3.2263	.84066
Perceived Ease of Use	3.3628	.49740

A hipótese 1 foi testada utilizando os testes t entre a idade e os níveis de educação. Para

além disso, o investigador utilizou uma correlação produto-momento de Pearson para os anos de

serviço. A correlação foi utilizada para os anos de serviço, a fim de preservar a continuidade da

escala de rácio. A idade dos participantes foi dividida em duas categorias e foram efectuados testes t

para examinar a diferença entre os polícias mais jovens (21 a 44 anos) e os mais velhos (45 a 64

anos). A Tabela 35 reflete que os policiais mais velhos (M = 3,04, DP = 0,82) consideraram os

analistas criminais significativamente menos úteis do que os policiais mais jovens (M = 3,35, DP =

0,83), t(176) = 2,48, p < 0,05. Da mesma forma, os policiais mais velhos (M = 3,26, SD =. 47)

consideraram os analistas criminais um pouco menos fáceis de usar do que os policiais mais jovens

(M = 3,42, SD = .50), t(176) = 2,30, p < .05. A hipótese nula, de que não haveria diferença

significativa nas percepções dos policiais sobre os analistas criminais em relação à idade, foi

rejeitada.

Tabela 34. Perceção dos Policiais sobre os Analistas de Crime por Idade

Perception	Age in Years	Mean	Standard Deviation
Perceived Usefulness	21-44	3.3499	.83144
	45-44	3.0357	.82467
Perceived Ease of Use	21-44	3.4299	.50403
	45-64	3.2592	.47195

Nota. A diferença de idade é significativa, p < .05

Da mesma forma, foram efectuados testes t para examinar as diferenças de perceção em

relação aos analistas criminais entre os polícias com diferentes níveis de educação. Os níveis de

educação dos participantes foram divididos em duas categorias: polícias com um nível de educação

de bacharelato ou superior, e polícias com menos de um bacharelato. A Tabela 36 reflecte que os

agentes da polícia com um grau de bacharelato ou superior consideraram os analistas criminais

ligeiramente mais úteis (M = 3,30, DP = 0,08) do que os agentes da polícia com menos de um grau

de bacharelato (M = 3,13, DP = 0,10), t (176) = -1,23, p < 0,05. Do mesmo modo, os agentes da

polícia com um grau de bacharelato ou um nível de educação superior consideraram os analistas

criminais ligeiramente mais fáceis de utilizar (M = 3,43, DP = 0,54) do que os agentes da polícia

com menos de um grau de bacharelato (M = 3,24, DP = 0,39), t (176) = -2,76, p < 0,05). A hipótese

nula, de que não haveria diferença significativa nas percepções dos analistas de crime dos agentes

de polícia em relação aos níveis de educação, foi rejeitada. Sever et al. (2008) identificaram que a

taxa de escolaridade dos principais responsáveis pela recolha e introdução de dados criminais era de

bacharelato ou superior.

Tabela 35. Perceção dos Policiais sobre os Analistas Criminais por Escolaridade

Perception	Degree	Mean	Standard Deviation
Perceived Usefulness	No Bachelor Degree	3.1306	.83927
	Bachelor Degree or Higher	3.2884	.83960
Perceived Ease of Use	No Bachelor Degree	3.2449	.39341
	Bachelor Degree or Higher	3.4392	.54265

Nota. As diferenças de escolaridade são significativas, p<.05

Análise bivariada

Foi utilizada uma correlação bivariada de Pearson para testar a associação entre os anos de serviço e as percepções dos analistas criminais pelos agentes da polícia. Não se registaram

correlações significativas entre os anos de serviço e a utilidade percebida r (178) = -.13, p = .09 ou

entre os anos de serviço e a facilidade de utilização percebida r (178) -.12, p = .10. Rejeita-se a

hipótese nula de que não haveria diferença significativa na perceção dos analistas criminais por

parte dos agentes de polícia em função dos anos de serviço.

Tabela 36. Correlação de Pearson Perceção dos Policiais sobre os Analistas Criminais por Anos de Serviço

		Years of Service	Perceived Ease	Perceived Usefulness
Years of Service	Pearson Correlation	1	-.123	-.127
	Sig. (2-tailed)		.101	.091
Perceived Ease of	Pearson Correlation	-.123	1	.611[*]
Use	Sig. (2-tailed)	.101		.000
Perceived	Pearson Correlation	-.127	.611[*]	1
Usefulness	Sig. (2-tailed)	.091	.000	

Nota. A correlação é significativa^<0,01 nível (2-tailed).

A análise examinou ainda os factores de previsão das percepções dos agentes da polícia em relação aos analistas criminais, utilizando uma regressão múltipla. Foram efectuadas duas regressões lineares sobre a utilidade percebida e a facilidade de utilização percebida, utilizando o nível de educação do participante, a idade e os anos de serviço como variáveis independentes. Para a perceção de utilidade, uma pequena proporção da variação foi explicada $R^2 = .06$, F = 2.80, p < .05. Nenhuma das variáveis independentes foi um fator de previsão significativo da perceção de utilidade. Por conseguinte, aceita-se a hipótese nula de que não há diferenças significativas na perceção dos analistas criminais por parte dos agentes da polícia.

Para a perceção da facilidade de utilização, foi explicada uma proporção igualmente

pequena da variância $R^2 = 0,06$, F = 4,72, p < 0,01. Na equação da facilidade de utilização

percebida, a educação, b = 0,17, t (177) = 2,30, p < 0,05, previu significativamente os resultados da

facilidade de utilização. Estes resultados corroboram as conclusões anteriores que mostram que a

obtenção de um diploma de ensino superior prevê percepções positivas dos analistas criminais.

Análise de diagnóstico de multicolinearidade

As tabelas 37 e 38 reflectem a análise de diagnóstico de multicolinearidade realizada com o

SPSS. Tabachnick e Fidell (2007) e Field (2009) advertiram que, quando duas variáveis estão

altamente correlacionadas, pode ocorrer multicolinearidade. Field acrescentou: "A multicolinearidade é um problema apenas para a regressão múltipla. A análise de diagnóstico não produziu provas de multicolinearidade VIF < 10 para a perceção de utilidade e a perceção de facilidade de utilização.

Tabela 37. Estatísticas de colinearidade para a utilidade percebida

				Collinearity Statistics	
Model		t	Sig.	Tolerance	VIF
1	(Constant)	12.432	.000		
	Gender	1.843	.067	.963	1.039
	YOS	.299	.766	.457	2.188
	Age	-1.945	.053	.461	2.169
	Education	.995	.321	.975	1.026

Tabela 38. Estatísticas de colinearidade para a perceção da facilidade de utilização

				Collinearity Statistics	
Model		t	Sig.	Tolerance	VIF
1	(Constant)	20.619	.000		
	Gender	2.497	.013	.963	1.039
	YOS	.154	.878	.457	2.188
	Age	-1.756	.081	.461	2.169
	Education	2.300	.023	.975	1.026

Os dados foram recolhidos e depois processados em resposta aos problemas colocados no Capítulo 1 do presente estudo. O objetivo deste estudo foi determinar a utilidade percebida pelos agentes da polícia e a facilidade de utilização percebida dos analistas de crime. A investigação de Davis (1989) centrou-se na procura de melhores medidas para prever e explicar a aceitação e a utilização da tecnologia, e foram identificados dois constructos teóricos de utilidade percebida e facilidade de utilização percebida como determinantes fundamentais da utilização. As variáveis consideradas como determinantes da perceção de utilidade e da perceção de facilidade de utilização dos analistas criminais pelos agentes da polícia foram a idade, o género, os anos de serviço e o nível de educação dos agentes da polícia.

Resumo

Os dados foram recolhidos e depois tratados em resposta aos problemas colocados no Capítulo 1 do presente estudo. O objetivo do presente estudo era obter dados sobre as percepções dos agentes de polícia sobre os analistas de criminalidade, bem como as percepções dos agentes de polícia sobre a utilidade e a facilidade de utilização dos analistas de criminalidade.

Na primeira parte deste estudo, a recolha de dados foi utilizada para constituir a amostra de interesse. Mertler e Vannatta (2002) sugeriram que o primeiro passo em quase todas as situações de análise de dados é descrever ou resumir os dados recolhidos e fornecer estatísticas descritivas. A estatística descritiva utilizada para identificar os resultados da perceção de utilidade e da perceção de facilidade de utilização dos participantes no estudo é a medida de tendência central. Esta medida permitiu que os dados fossem reflectidos como um valor numérico, o que foi suficiente para relatar se a perceção dos analistas de crime pelos agentes da polícia era positiva ou negativa. Uma análise mais pormenorizada seguiu os resultados gerais das medidas de tendência central. As medidas de posição relativa foram rejeitadas para utilização na determinação das percepções dos agentes da polícia sobre os analistas criminais, uma vez que foram consideradas demasiado específicas para produzir a avaliação geral pretendida por este estudo.

O presente estudo examinou ainda as correlações e relações da utilidade percebida pelo policial e a facilidade percebida de uso dos analistas de crime com as variáveis de idade, anos de serviço, e nível de educação usando itens baseados no instrumento de modelo de aceitação de tecnologia desenvolvido por Davis (1989). O estudo de Davis examinou a perceção de utilidade e a perceção de facilidade de uso da tecnologia, e foi usado neste estudo com permissão (ver Apêndice A). Davis utilizou a fórmula de profecia de Spearman-Brown para selecionar o número de itens a gerar para cada variável a medir. Esta fórmula estimou o número de itens necessários para atingir uma determinada fiabilidade com base no número de itens e na validade de escalas existentes comparáveis. A fórmula sugeria que eram necessários 14 itens para obter uma fiabilidade de pelo menos 0,80 para cada variável perceptiva (Davis, 1989). O presente estudo utilizou os mesmos itens de perguntas que os encontrados no estudo de Davis (1986), apenas com uma ligeira alteração da redação para ter em conta a diferença de tema.

Os resultados apresentados aqui demonstraram o potencial para fundir teoria e prática. Esperava-se que os agentes da polícia tivessem uma perceção geralmente positiva dos analistas criminais, e que a idade, os anos de serviço e o nível de educação tivessem um impacto significativo nas percepções dos agentes da polícia sobre a utilidade e a facilidade de utilização dos analistas criminais. Esperava-se que a hipótese nula relativa à perceção negativa dos analistas criminais por parte dos agentes de polícia fosse rejeitada. Esperava-se também que a hipótese nula relativa à falta de influência da idade, dos anos de serviço e do nível de educação na perceção dos analistas criminais por parte dos agentes da polícia fosse rejeitada. A intenção dos inquéritos era que os participantes revelassem as suas percepções pessoais sobre os analistas criminais com base nos itens do inquérito. Os inquéritos baseados na Internet permitiram ao investigador recolher dados dos participantes, o que possibilitou uma visão das percepções dos agentes da polícia relativamente aos analistas criminais no âmbito da amostra dada, que consistia em agentes da polícia de um estado do Midwest.

CAPÍTULO 5

DEBATES E CONCLUSÕES

Introdução

O objetivo deste estudo foi examinar as percepções dos agentes da polícia sobre os analistas criminais. Este capítulo começa com uma visão geral dos objectivos, distinguindo os resultados da revisão da literatura anterior, e a importância da metodologia utilizada, também incluída as implicações dos resultados e direcções futuras. Este capítulo concluirá com implicações sobre como os resultados do estudo poderiam ser aplicados ou integrados na política de policiamento, programas de formação, para impactar o recrutamento e a retenção nas organizações policiais.

Como indicado na literatura, a associação de analistas criminais e o processo de desenvolvimento de informações de inteligência é uma função integrativa, que depende em grande parte da tecnologia. A revisão da literatura realizada neste estudo encontrou lacunas no corpo de pesquisa que não abordou a forma como os agentes da polícia percebiam os analistas criminais dentro de uma organização em relação aos seus efeitos na sua produtividade. A pesquisa esperava acrescentar ao corpo de conhecimento na área de utilização do TAM (Davis, 1989) para determinar a perceção dos analistas criminais pelos agentes da polícia.

Os avanços tecnológicos aumentaram a capacidade de resposta dos agentes da polícia às infracções penais, tanto como medida reactiva, observada no tempo de resposta às chamadas para o serviço (Payne, Gallagher, Eck & Frank, 2013; Srinivasan, Sorrell, Brooks, Edwards, & McDougle, 2013, e White & Katz, 2013), como medidas proactivas, como a utilização de analistas criminais (Newburn, 2012 e Ratcliffe, 2012). Por conseguinte, a perceção dos analistas criminais por parte dos agentes de polícia neste estudo baseou-se no processo de interação com o analista criminal, bem como no impacto dos resultados do analista criminal. Foram colocadas aos agentes de polícia 28 perguntas, localizadas no Apêndice B, do TAM (Davis, 1989). As perguntas foram divididas em duas secções de 14 perguntas. Uma secção centrava-se na perceção da utilidade dos analistas criminais e a outra secção centrava-se na perceção da facilidade de utilização dos analistas criminais.

Implicações práticas

Este estudo tem implicações práticas para melhorar as práticas policiais no que diz respeito à missão de controlo do crime da polícia. Neste estudo, como em outros, factores como a intenção comportamental, a facilidade de uso percebida, a utilidade percebida, e a consciência da tecnologia provaram afetar a aceitação dos utilizadores de tecnologia (Adams, Neslon & Todd, 1992; Davis, 1989; King & He, 2006; e Yarbrough & Smith, 2007). Os resultados oferecem uma visão sobre quanto mais favorável for a perceção dos analistas criminais pelos agentes da polícia, mais provável será o aumento da perceção da sua utilidade, potencialmente melhorando a missão da polícia e reduzindo a criminalidade. Tornou-se mais evidente que a análise da idade, educação e anos de serviço dos agentes da polícia pode contribuir para os esforços de recrutamento da polícia na identificação de candidatos que possuam as variáveis consideradas significativas para melhorar ou manter as percepções dos analistas criminais por parte dos agentes da polícia.

Espera-se que os resultados deste estudo possam ser usados para orientar os decisores políticos e a liderança da polícia no futuro desenvolvimento e implementação de práticas para melhorar a aceitação e integração de analistas de crime em operações policiais tradicionais. Além disso, os resultados do estudo podem ser úteis na orientação das práticas de emprego do pessoal da polícia, e enquanto o foco do estudo visava as percepções dos agentes da polícia sobre os analistas criminais, os resultados podem fornecer aos líderes e gestores da polícia um quadro para examinar outras unidades de aplicação da lei (por exemplo, interdição de gangues, vícios, supressão de drogas, crimes cibernéticos, etc.), uma vez que estas unidades prestam serviços especializados semelhantes e contribuem para as operações policiais (Celik, 2010; Garicano & Heaton, 2010; Giblin, 2006).

Além disso, as contribuições para o corpo de conhecimento fornecidas pelos resultados do presente estudo em relação aos efeitos da idade, sexo, anos de serviço, e nível de educação poderiam ser usadas por outros investigadores para examinar outros aspectos da cultura policial.

Algumas áreas propostas para estudos futuros podem incluir a retenção, tanto para o agente da polícia como para o analista criminal, um exame mais aprofundado da satisfação no trabalho e se as variáveis aplicadas neste estudo seriam consideradas significativas; e, finalmente, estudos futuros poderiam analisar qual o impacto, se algum, que as variáveis de idade, género, anos de serviço e nível de educação tiveram nas atribuições ou promoções. O resultado do estudo também pode ser utilizado pelos formadores da polícia para identificar a formação em serviço e a formação contínua para agentes da polícia novos e experientes, como forma de melhorar as suas percepções dos analistas criminais.

Como sugerido por Boba (2005) e Sever et al. (2008), as contribuições que os analistas criminais fizeram para a missão policial de controle do crime foram notáveis, e o valor potencial que os analistas criminais representaram para as agências policiais como um multiplicador de força foi incalculável no esforço contínuo de combate ao crime. Uma vez que o objetivo do controle do crime é aplicar os recursos apropriados para abordar problemas e questões específicas, a utilidade do analista de crime na identificação de tais áreas de interesse não pode ser exagerada. Além de sugerir alocações de recursos policiais, o analista de crime teria uma visão operacional mais ampla da área de responsabilidade da organização, bem como, em alguns casos, áreas de interesse adjacentes que podem atravessar outras jurisdições. Esta perspetiva pode não estar disponível para o oficial de patrulha da polícia, mas poderia ser visualizada pelos analistas de crime e poderia contribuir para iniciativas de controle de crime bem sucedidas.

Limitações do estudo atual

Este estudo tem várias limitações. Em primeiro lugar, este estudo incluiu um número limitado de variáveis para examinar as percepções dos agentes da polícia sobre os analistas criminais, que não incluíram variáveis como a raça, a etnia ou a experiência anterior como agente da polícia. Além disso, devido à resposta limitada de participantes do sexo feminino, não foi possível obter a análise de validade relativa à variável do género nas percepções dos agentes da polícia sobre os analistas criminais. Este estudo não captou as informações demográficas dos analistas criminais em relação aos quais os agentes policiais basearam as suas percepções, especificamente no que diz respeito ao género, educação e experiência do analista criminal. Além disso, como resultado do esforço para garantir a confidencialidade, não foram adoptadas medidas que permitissem ao investigador fazer perguntas de acompanhamento aos participantes.

Discussão dos resultados

Os problemas abordados no presente estudo foram as duas lacunas aparentes na literatura de investigação em torno das percepções dos agentes da polícia sobre os analistas criminais. A primeira lacuna apareceu sob a forma de literatura de investigação limitada relativamente às percepções dos agentes da polícia sobre os analistas criminais. Embora a disciplina de análise criminal tenha sido estudada desde a década de 1990, a maioria dos estudos centrou-se na definição do papel dos analistas criminais (Peterson, 1993), e examinou as perspectivas dos gestores e líderes da polícia em relação ao desempenho dos analistas criminais (Taylor et al., 2007). Outros pesquisadores examinaram as percepções gerais que os analistas criminais tinham de si mesmos e dos policiais, mas apenas parcialmente abordaram a perceção que os policiais tinham dos analistas criminais (Bruce, 2004). A teoria do modelo de aceitação da tecnologia, que é o foco deste estudo, sugere que quanto maior a utilidade percebida e a facilidade de uso percebida, maior a probabilidade de a perceção ser positiva. O presente estudo apoia a teoria do modelo de aceitação da tecnologia na medida em que os agentes da polícia têm uma perceção geralmente positiva dos analistas criminais. Embora haja alguma semelhança entre os resultados do modelo de aceitação de tecnologia de Davis (1989), deve-se notar que no presente estudo a amostra diferia em termos de tamanho, composição e foco.

A segunda lacuna na literatura de investigação apareceu sob a forma de investigação publicada limitada no que diz respeito ao possível efeito de variáveis como a idade, o sexo, os anos de serviço e o nível de educação na perceção dos analistas criminais pelos agentes da polícia. Além disso, não se sabia até que ponto a idade, o sexo, os anos de serviço e a educação afectavam a perceção de utilidade e a facilidade de utilização dos analistas criminais por parte dos agentes da polícia. O presente estudo concluiu que os agentes de polícia mais velhos consideraram os analistas criminais significativamente menos úteis do que os agentes de polícia mais jovens.

Da mesma forma, os policiais mais velhos consideraram os analistas criminais um pouco menos fáceis de usar do que os policiais mais jovens. Além disso, o estudo revelou que os agentes da polícia com um grau de bacharelato ou superior consideraram os analistas criminais ligeiramente mais úteis do que os agentes da polícia com menos de um grau de bacharelato. Do mesmo modo, os polícias com um grau de bacharelato ou um nível de educação superior consideraram os analistas criminais ligeiramente mais fáceis de utilizar do que os polícias com menos de um grau de bacharelato.

Não se registaram correlações significativas entre os anos de serviço e a perceção de utilidade, ou entre os anos de serviço e a perceção de facilidade de utilização. Além disso, foi revelado que os anos de serviço não afectaram as percepções dos agentes da polícia sobre os analistas criminais. Também foram avaliados os factores de previsão das percepções dos agentes da polícia em relação aos analistas criminais através de uma regressão múltipla. Embora uma pequena proporção da variância tenha sido explicada, nenhuma das variáveis independentes foi considerada um fator de previsão significativo da utilidade percebida. Relativamente à perceção da facilidade de utilização, foi explicada uma proporção igualmente pequena da variação. No que diz respeito à facilidade de utilização, as variáveis género e educação previram a facilidade de utilização dos analistas criminais pelos agentes da polícia

As variáveis identificadas em estudos anteriores de percepções de analistas criminais por policiais (O'Shea & Nicholls, 2002; Peterson, 1993; e Taylor et al., 2007), focaram mais nas atitudes dos administradores da polícia do que dos policiais. Peterson e Taylor et al., (2007) utilizaram um desenho de inquérito transversal de analistas de crime e de inteligência para examinar a perceção dos analistas de crime de como eles foram integrados nas agências de aplicação da lei. O presente estudo considerou a perceção dos analistas criminais na perspetiva dos agentes da polícia, o que gerou novas informações e forneceu uma outra perspetiva dos analistas criminais.

No que diz respeito à obtenção de uma compreensão das percepções dos analistas criminais por parte dos agentes da polícia, é também necessário reconhecer que os agentes da polícia trabalham principalmente num ambiente negativo. Eles são, por exemplo, muitas vezes chamados a realizar tarefas pouco invejáveis relacionadas com a aplicação da lei e, como resultado, estão por vezes sujeitos ao cinismo, baixa moral, e baixos níveis de satisfação no trabalho (Crank, 1998). É importante notar que a colegialidade entre colegas de trabalho tem aumentado os níveis de satisfação profissional dos trabalhadores em todas as profissões (Andrews, Kacmar, Blakely, & Bucklew, 2008). Essencialmente, quanto mais os trabalhadores gostarem e respeitarem os seus colegas de trabalho, maior será a sua satisfação profissional e a colegialidade geral (Blum, 2000).

De um modo geral, as percepções positivas dos agentes da polícia sobre os analistas criminais encontradas no estudo podem ser o resultado de interações e experiências pessoais anteriores com os analistas criminais, ou da utilização bem sucedida dos produtos de inteligência que eles produziram. Outras explicações para as percepções geralmente positivas dos agentes de polícia podem ser o resultado de interações de rotina e respeito profissional partilhado entre o analista criminal e os agentes de polícia. Como oferecido por Andrews et al. (2008), interações colegiais positivas induzem maior satisfação no trabalho, o que pode explicar a ligeira correlação positiva em relação à perceção dos analistas criminais pelos agentes da polícia.

Além disso, os resultados do presente estudo indicaram que as mulheres agentes de polícia geralmente consideram os analistas criminais mais úteis e mais fáceis de utilizar do que os homens agentes de polícia. Embora se possam tirar inferências dos resultados, o número limitado de mulheres polícias que participaram no estudo, N = 9, não suportaria uma conclusão generalizável. Uma avaliação prática que pode ser feita é que existe uma escassez contínua de agentes de polícia do sexo feminino (Jordan, Fridell, Faggiani, & Kubu, 2009; Prussel & Lonsway, 2001)

Finalmente, os resultados e a análise encontrados no presente estudo indicaram que os policiais mais jovens percebiam os analistas criminais como sendo apenas ligeiramente mais úteis e fáceis de usar do que os policiais mais velhos. Uma conclusão que poderia ser inferida a partir destes resultados é que o aumento da visibilidade do uso e dos sucessos dos analistas criminais, como foi demonstrado durante o atentado à bomba na Maratona de Boston em 15 de abril de 2013 (Klontz e Jain, 2013; e Pavlick, 2013), pode ter influenciado os policiais mais jovens a serem mais receptivos às possibilidades práticas dos analistas criminais. Estas conclusões poderiam apoiar a inferência apresentada pelo modelo de aceitação de tecnologia de Davis (1989), segundo a qual quanto maior for a perceção positiva, maior será a probabilidade de a tecnologia ser utilizada. Com o uso contínuo e publicitado da análise criminal ficcionada na cultura pop e nos meios de entretenimento, é possível que a exposição aumente a consciência dos analistas criminais como um multiplicador de força nas operações policiais.

Os resultados e a análise apresentados no Quadro 4 indicam que os agentes com formação superior consideram que os analistas criminais são mais úteis e fáceis de utilizar do que os outros agentes. Como sugerido por Server et al. (2008), a posição de analista criminal atrai inerentemente indivíduos com educação superior e graus avançados. Os agentes com níveis de educação semelhantes podem ser menos resistentes à interação com os analistas criminais e podem possivelmente partilhar pontos em comum com eles. De acordo com o estudo de Blum (2000), o nível de colegialidade pode aumentar as interações no local de trabalho. Os resultados e a análise apresentados no quadro indicam que os agentes com mais anos de serviço estão correlacionados com os agentes por idade.

Recomendações para estudos futuros

Estudos futuros devem incluir variáveis adicionais, incluindo etnia, raça e experiências anteriores de aplicação da lei. A idade também deve ser recolhida através de um continuum para que se possa efetuar uma análise de regressão múltipla. Tal como indicado nos resultados deste estudo, o género foi identificado como uma variável potencialmente significativa no que diz respeito às percepções dos agentes da polícia sobre os analistas criminais. Como tal, os futuros investigadores devem envidar esforços para incluir uma representação válida de participantes do sexo feminino na população de agentes da polícia. Um meio para o fazer pode ser procurar intencionalmente associações de aplicação da lei que se concentrem nas mulheres como membros e, em seguida, orientar futuros inquéritos para incluir participantes dentro ou associados a essas associações.

Estudos futuros devem obter os dados demográficos dos analistas criminais para os quais os policiais basearam suas percepções. A compreensão da formação formal e da experiência dos analistas criminais, bem como a sua localização física, quer estejam co-localizados dentro da organização policial ou fora do local, poderia influenciar as percepções dos agentes da polícia sobre os analistas criminais. Os futuros investigadores devem considerar a avaliação das percepções dos agentes da polícia sobre os analistas criminais numa escala mais ampla, talvez a nível nacional ou internacional, a fim de determinar se a utilidade percebida e a facilidade de utilização percebida são consistentes em todo o espetro de agências.

Conclusões

De acordo com Siegel e Senna (2007), "A mudança do papel da polícia é de importância crítica para o sistema de justiça criminal, porque eles são os guardiões do processo de justiça criminal" (p. 124). Esta afirmação é apoiada por Carter (2006); Peak (2010); Schmalleger (2010) e outros citados na literatura. Por conseguinte, é fundamental que os agentes de polícia sejam capazes de demonstrar a capacidade de iniciar eficazmente o contacto com os infractores da lei, a fim de impedir potenciais delitos ou interditar ocorrências de crimes activos.

A utilização integrada de analistas criminais poderia fornecer aos agentes da polícia as ferramentas analíticas preditivas necessárias para desenvolver uma abordagem proactiva, e não reactiva, de sucesso no combate ao crime. No entanto, para que tal amálgama de conhecimentos profissionais se desenvolva, é essencial que as percepções negativas relativas à facilidade de utilização e à utilidade sejam ultrapassadas, e que se alcance uma compreensão e apreciação mútuas dos pontos fortes dos agentes da polícia e dos analistas criminais.

REFERÊNCIAS

Ackroyd, S., Soothill, K., Harper, R., Hughes, J. A., & Shapiro, D. (1992). New technology and practical police work: The social context of technical innovation. Bristol, PA: Taylor &

Francis, Inc.

Adams, D. A., Nelson, R., & Todd, P. A. (1992). Perceived usefulness, ease of use, and usage of information technology: A replication. MIS Quarterly, 16(2), 227-247.

Adams, R. E., Rohe, W. M., & Arcury, T. A. (2002). Implementação do policiamento orientado para a comunidade: Mudança organizacional e atitudes dos agentes de rua. Crime & Delinquency, 48(3), 399-430. doi: 10.1177/0011128702048003003

Agnew, R. (2002). Crime causation: Sociological theories. Em J. Dressler (Ed.), Encyclopedia of Crime and Justice (2nd ed., Vol. 1, pp. 324-334). Nova Iorque, NY: Macmillan Reference.

Ahmad, T., Badariah, T., Madarsha, K. B., Zainuddin, A. M., Ismail, N. A. H., Khairani, A. Z., & Nordin, M. S. (2011). Invariance of an extended technology acceptance model across gender and age group [Invariância de um modelo alargado de aceitação da tecnologia em função do género e da faixa etária]. US-China Education Review, 8(3), 339-345.

Ainsworth, P. (2001). Offender profiling and crime analysis. Portland, OR: Willan.

Ajzen, I. (2012). O legado de Martin Fishbein: The reasoned action approach. The *Annals of the American Academy of Political and Social Science*, *640*(1), 11-27. doi: 10.1177/0002716211423363

Andrews, M., Kacmar, K., Blakely, G., & Bucklew, N. (2008). Group cohesion as an enhancement to the justice-affective commitment relationship. *Group and Organization Management*, *33*(6), 736-755. doi: 10.1177/1059601108326797

Astler, C. (2002). Antecipar o crime através da análise de dados. *Law & Order*, *50*(8), 111.

Baltaci, H. (2010). *Análise criminal: Uma análise empírica da sua eficácia como ferramenta de combate ao crime*. (Dissertação de doutoramento). Disponível na base de dados ProQuest Dissertações e Teses. (UMI No. 3421465)

Bayley, D. H. (1994). *Police for the future*. Nova Iorque, NY: Oxford University Press.

Blum, L. (2000). *Force under pressure: How cops live and why they die*. Nova Iorque, NY: Lantern.

Boba, R. (2000). *Guidelines to implement and evaluate crime analysis and mapping in law enforcement*. Washington, DC: Fundação da Polícia.

Boba, R. (2005). *Crime analysis and crime mapping*. Los Angeles, CA: Sage.

Brinkley, M. T. (2006). Análise criminal das detenções por DWI em Warrensburg, Missouri. Proquest.

Brown, S. F. (1981). Crime, polícia e dissuasão: A simultaneous model. Criminal Justice Review, 6(2), 1-7. doi: 10.1177/073401688100600201

Brown, M. M., & Brudney, J. L. (2003). Learning organizations in the public sector? A study of police agencies employing information and technology to advance knowledge. Public Administration Review, 63(1), 30-43. doi: 10.1111/15406210.00262

Bruce, C. (2004). Superar a hostilidade à análise criminal: Conselhos dos membros da IACA. Recuperado de www.iaca.net/Resources/Articles/hostility_1.pdf

Bruce, C., Hick, S. R., & Cooper, J. P. (2004). Explorando a análise do crime: Readings on essential skills.North Charleston, SC: Booksurge, LLC.

Cao, L., & Burton, V. S. (2006). Spanning the continents: Assessing the Turkish public confidence in the police. Policing: An International Journal of Police Strategies & Management, 29(3), 451-463. doi: 10.1108/13639510610684692

Carter, D. L. (2009). Law enforcement intelligence: A guide for state, local and tribal agencies (2nd ed.). Departamento de Justiça dos Estados Unidos. Recuperado de https://www.fas.org/irp/agency/doj/lei.pdf

Celik, I. (2010). Environmental, organizational, and individual determinants of crime *analysts 'problem-solving capacities: A contingency approach.* (Doctoral dissertation) Disponível na base de dados ProQuest Dissertations and Theses. (UMI No. 3414894)

Chan, J. (2001). O jogo tecnológico: Como a tecnologia da informação está a transformar a prática policial. *Criminal Justice 1(2),* 139-159. doi: 10.1177/ 1466802501001002001

Chung, J. E., Park, N., Wang, H., Fulk, J., & McLaughlin, M. (2010). Age differences in perceptions of online community participation among non-users: Uma extensão do modelo de aceitação de tecnologia. *Computers in Human Behavior,* 26(6), 1674- 1684. doi: 10.1016/j.chb.2010.06.016

Clarke, R. V. (Ed.). (1997). *Situational crime prevention.*(2nd ed.). Guilderland, NY: Harrow and Heston.

Clarke, R. V. (2004). Technology, criminology and crime science (Tecnologia, criminologia e ciência do crime). European Journal on Criminal Policy and Research, 10(1), 55-63.

Clarke, R. V., & Felson, M. (Eds.). (1993).. Avanços na teoria criminológica. In Routine activity and rational choice. New Brunswick, NJ: Transaction.

Colton, K. W. (1979). The impact and use of computer technology by the police. Communications of the ACM, 22(1), 10-20. doi: 10.1145/359046.359049

Colvin, C. A. & Goh, A. (2005). Validação do modelo de aceitação de tecnologia para a polícia. *Journal of Criminal Justice,* 33(1), 89-95. doi:10.1016/j.jcrimjus.2004.10.009j

Serviços de Policiamento Orientado para a Comunidade (COPS). (2011) *The impact of the economic downturn on American police agencies.* Washington, D.C.: Departamento de Justiça dos EUA, Gabinete de Serviços de Policiamento Orientado para a Comunidade. Recuperado de http://www.cops.usdoj.gov/files/RIC/Publications/e101113406_Economic%20Im pact.pdf

Copeland, C. (1996). Ceticismo profissional. *Business Credit, 98*(8), 37.

Cowper, T. (2004). Improving the view of the world (Melhorar a visão do mundo). *FBI Law Enforcement Bulletin,* 73(1), 12-18.

Crank, J. P. (1998). *Understanding police culture (Compreender a cultura policial)*. Cincinnati, OH: Anderson.

Creswell, J. (2012). *Investigação qualitativa e conceção da investigação: Choosing among five approaches*. Thousand Oaks, CA: Sage.

Curtis, L. P., Jr., (2004). Jack, o estripador, e a imprensa londrina. *Nineteenth-Century Contexts: An Interdisciplinary Journal*, 26(*3*), 289-304. doi: 10.1080/0890549042000280829

Darroch, S., & Mazerolle, L. (2012). Policiamento orientado por informações: A comparative analysis of organizational factors influencing innovation uptake. *Police Quarterly*, *16*(1), 337. doi: 10.1177/1098611112467411

Davis, F. D. (1986). A technology acceptance model for empirically testing new end user information systems: Theory and results (Doctoral dissertation) Retrieved from http://dspace.mit.edu/handle/1721.1/15192#files-area

Davis, F. D. (1989). Perceived usefulness, perceived ease of use, and user acceptance of information technology. *MIS Quarterly, 13*(3), 319-340.

Davis, F. D. (1993). User acceptance of information technology: system characteristics, user perceptions and behavioral impacts. International Journal of Man-Machine Studies, 38(3), 475-487. doi: 10.1006/imms.1993.1022

Davis, F. D., Bagozzi, R. P., & Warshaw, P. R. (1989). User acceptance of computer technology: A comparison of two theoretical models. Management Science, 35(8), 982-1003. doi: 10.1287/mnsc.35.8.982

Dean, G., Filstad, C., & Gottschalk, P. (2006). Knowledge sharing in criminal investigations: An empirical study of Norwegian police as value shop. Criminal Justice Studies, 19(4), 423-437. doi: 10.1080/14786010601083694

Dees, T. (2003). Fifty years of police technology. Law & Order, 51(4), 107-110.

Demir, S. (2009). Diffusion of police technology across time and space and the impact of Technology use on police effectiveness and its contribution to decision-making (Electronic Doctoral Dissertation). Recuperado de https://etd.ohiolink.edu/

Demirci, S. (2001). A nova criminalidade organizada: Problemas e questões para a análise da informação (tese de mestrado). Obtido de http://digital.library.unt.edU/ark:/67531/metadc2907/m2/1/high_res_d/thesis.pdf

Departamento de Segurança Pública (2012). Missouri Department of Public Safety Employment Opportunities recuperado de http://www.dps.mo.gov/employment/

Ekblom, P. (1988). Getting the best out of crime analysis. Londres, Inglaterra: Ministério do Interior da Grã-Bretanha.

Ellahi, A., & Manarvi, I. (2010). Compreender as atitudes face à utilização do computador no departamento de polícia do Paquistão. The Electronic Journal of Information Systems in Developing Countries. 42(1), 1-26.

Evans, J. M., & Kebbell, M. R. (2012). O analista eficaz: um estudo sobre o que faz um analista eficaz de crime e inteligência. *Policing and Society,* 22(2), 204-219. doi:

10.1080/10439463.2011.605130

Evans, J. R., & Mathur, A. (2005). The value of online surveys. *Internet Research, 15*(2), 195-219. doi: 10.1108/10662240510590360

Farrington, D. P. (2002). Crime causation: Teorias psicológicas. Em J. Dressler (Ed.). *Encyclopedia of crime and justice* (2nd ed.), (pp. 315-324). New York: Macmillan Reference.

Field, A. (2009). *Descobrir a estatística com o SPSS*. Thousand Oaks, CA: Sage.

Fischer, C. (2009). A criminalidade violenta e a crise económica: Os chefes de polícia enfrentam um novo desafio. Washington, DC: Police Executive Research Forum.

Garicano, L., & Heaton, P. (2010). Information technology, organization, and productivity in the public sector: evidence from police departments. Journal of Labor Economics, 28(1), 167-201.

Gefen, D., & Straub, D. W. (1997). Gender differences in the perception and use of email: An extension to the technology acceptance model. MIS Quarterly, 21(4), 389-400.

Gehlbach, H., & Brinkworth, M. E. (2011). Medir duas vezes, reduzir o erro: Um processo para aumentar a validade das escalas de inquérito. Review of General Psychology, 15(4), 380-387. doi: 10.1037/a0025704

Giblin, M. J. (2006). Elaboração estrutural e isomorfismo institucional: O caso das unidades de análise criminal. Policing: An International Journal of Police Strategies & *Management, 29*(4), 643-664. doi: 10.1108/13639510610711583

Goldstein, H. (1979). Melhorar o policiamento: A problem-oriented approach. *Crime & Delinquency, 25*(2), 236-258. doi: 10.1177/001112877902500207

Goldstein, H. (2003). On further developing problem-oriented policing: The most critical need, the major impediments, and a proposal. *Crime Prevention Studies, 15*, 13-47.

Goodchild, M. F. (2013). Vinte anos de progresso: GIScience in 2010. *Journal of Spatial Information Science, 1*, 3-20. doi:10.5311/JOSIS.2010.1.2

Goodhue, D., & Thompson, R. (1995). Task-technology fit and individual performance. *MIS Quarterly, 19*(2), 213-236.

Gottlieb, S., Arenberg, S. I., & Singh, R. (1998). *Crime analysis: From first report to final arrest.* Montclair, CA: Alpha.

Gundhus, H. (2005). Apanhar e visar: Risk-based policing, local culture and gendered practices. *Journal of Scandinavian Studies in Criminology & Crime Prevention, 6*(2), 128-146. doi:10.1080/14043850500391055

Haley, K. N., Todd, J. C., & Stallo, M. A. (2004). *Análise criminal e a luta pela legitimidade.* Em M. A. Stallo & K. N. Haley (Eds.). *Contemporary issues, applications, and techniques in crime analysis* (pp. 64-77). Acton, MA: Copley Custom Textbooks.

Hardy, P. (2012, 21 de fevereiro). *Taser A mais recente arma da polícia: a pequena câmara e a nuvem.* New York Times. Obtido em http://www.nytimes.com/2012/02/21/technology/tasers-latestpolice-weapon-the- tiny-camera-and-the-cloud.html?pagewanted= all&_r=0

Henry, V. E. (2002). The Compstat paradigm: The management and accountability paradigm that transform policing, business and the public sector. Flushing, NY: Looseleaf Law.

Henry, V. E. (2006). Gerir a criminalidade e a qualidade de vida utilizando o COMPSTAT: Questões específicas de implementação e prática. Retirado de http://www.unafei.or.jp/english/pdf/RS_No68/No68_12VE_Henry2.pdf

Hu, P. J. H., Chen, H., Hu, H. F., Larson, C., & Butierez, C. (2011). Aceitação da tecnologia avançada de administração pública eletrónica pelos agentes da autoridade: A survey study of COPLINK mobile. Electronic Commerce Research and Applications, 10(1), 6-16. doi: 10.1016/j.elerap.2010.06.002

Huang, E., & Chuang, H. M. (2007). Extending the theory of planned behavior as a model to explain post-merger employee behavior of IS use. Computers in Human *Behavior,* 23(1), 240-257. Doi: 10.1016/j.chb.2004.10.010

Igbaria, M., & Iivari, J. (1995). The effects of self-efficacy on computer usage. *Omega, 23(*6), 587-605. doi: 10.1016/0305-0483(95)00035-6

Jefferys, S. A. (2007). Crime analysis: Percepções do terreno. (Documento não publicado). Universidade de Tiffin, Ohio.

Jihong, Z., Scheider, M., & Thurman, Q. (2002). The effect of police presence on public fear reduction and satisfaction: A review of the literature. *Justice Professional*, 15(3), 273.

Jones, G., & Malina, M. (Eds.). (2011*) Crime analysis case studies.* Washington, D.C.: Police Foundation. Recuperado de http://www.policefoundation.org/content/crime-analysis-case-studies

Jordan, W. T., Fridell, L., Faggiani, D., & Kubu, B. (2009). Atrair as mulheres e as minorias raciais/étnicas para a aplicação da lei. *Journal of Criminal Justice, 37*(4), 333-341. doi: 10.1016/j.jcimjus.2009.06.001

Kahana, E. (2005). Analisando as falhas de inteligência de Israel. *International Journal of Intelligence and Counter Intelligence, 18*(2), 262-279. doi: 10.1080/08850600590882146

Keim, R. T. (1976). *Avaliação de atitudes de implementação na construção de modelos tradicionais versus comportamentais: Uma investigação longitudinal com a tecnologia de desenho de mapas.*

Universidade de Pittsburgh.

Kelling, G. L., Pate, T., Dieckman, D., & Brown, C. E. (1974). A experiência da patrulha preventiva de Kansas City: A summary. Readings in Evaluation Research, 323389.

King, W., & He, J. (2006). A meta-analysis of the technological acceptance model. Information Management, 43(6), 740-775. doi:10.1016/j.im.2006.05.003

Klontz, J. C., & Jain, A. K. (2013). Um estudo de caso sobre reconhecimento facial sem restrições usando os suspeitos de atentados à maratona de Boston. MSU-CSE 13(4). Obtido em http://www.cse.msu.edu/rgroups/biometrics/Publications/Face/KlontzJain_CaseSt

udyUnconstrainedFacialRecognition_BostonMarathonBombimgSuspects.pdf

Kowitlawakul, Y. (2011). O modelo de aceitação da tecnologia: Predicting nurses' intention to use telemedicine technology (eICU). Computadores, Informática, Enfermagem 29(7), 411-418. doi: 10.1097/NCN.0b013e3181f9dd4a

Kriegel, R. J., & Brandt, D. (1996). Sacred cows make the best burgers (As vacas sagradas fazem os melhores hambúrgueres). Nova Iorque, NY: Warner Books Inc.

Larson, R. C. (1976). O que aconteceu às operações de patrulha em Kansas City? Uma análise da experiência de patrulha preventiva de Kansas City. Journal of Criminal Justice, 3(4), 267-297. doi: 10.1016/0047.2352(75)900034.3

Landry, B. L., Griffeth, R., & Hartman, S. (2006). Medindo as percepções dos alunos sobre o Blackboard usando o modelo de aceitação de tecnologia. Decision Sciences Journal of Innovative Education, 4(1), 87-99. doi:10.1111/j.1540-4609.2006.00103.x

Gestão da aplicação da lei e estatísticas administrativas. (2003). U.S. bureau of justice statistics: 2000 sample survey of law enforcement agencies codebook. Ann Arbor, MI: Interuniversity Consortium for Political and Social Research.

Legris, P., Ingham, J., & Collerette, P. (2003). Porque é que as pessoas utilizam as tecnologias da informação? A critical review of the technology acceptance model. Information and *Management,* 40(3), 191-204. doi: 10.1016/S0378-7206(01)00143-4

Lin, N. (1976). *Foundations of social research (Fundamentos da investigação social).* Nova Iorque, NY: McGraw Hill.

Lin, C., Hu, P. J. H., & Chen, H. (2004). Technology implementation management in law enforcement COPLINK system usability and user acceptance evaluations. *Social Science Computer Review, 22*(1), 24-36. doi: 10.1177/0894439303259881

Lin, C., Shih, H., & Sher, P. J. (2007). Integrando a prontidão tecnológica na aceitação da tecnologia: O modelo TRAM. *Psychology and Marketing, 24*(7), 641-657.

doi:10.1002/mar.20177

Lips, A., & Rapson, A. (2010). Exploring public recordkeeping behaviors in Wikisupported public consultation activities in the New Zealand public sector. 43.ª Conferência Internacional do Havai sobre Ciências de Sistemas. doi:10.1109/HICSS.2010.453

Lucas, H. (1978). Implementação mal sucedida: The case of a computer-based order entry system. Decision Sciences, 9(1), 68-79. doi: 10.1111/j.1540- 5915.1978.tb01367.x

Lumb, R. C., & Breazeale, R. (2002). Atitudes dos agentes da polícia e implementação do policiamento comunitário: Developing strategies for durable organizational change. Policing & Society, 13(1), 91-106. doi: 10.1080/10439460290032340

Lyman, M. (2005). The police an introduction (3rd ed.). Upper Saddle River, NJ: Prentice Hall.

Maguire, E. R. (2003). Organizational structure in American police agencies: Context, complexity and control. Nova Iorque: State University of New York Press.

Mamalian, C. A., & LaVigne, N. G. (1999). O uso de mapeamento de crime computadorizado pela aplicação da lei: Resultados do inquérito. Washington, DC: Departamento de Justiça dos EUA.

Manning, P. K. (2001). Technology's ways: Information technology, crime analysis and the rationalizing of policing. Criminology and Criminal Justice 1(1), 83-103. doi: 10.1177/1466802501001001005

Manning, P. K. (2003) Policing Contingencies. Chicago, IL: The University of Chicago Press.

Marx, S. (1995). 'Holy war in Henry fifth'. *Shakespeare Survey, 48, 85-99.*

Mertler, C., & Vannatta, R. (2002). *Métodos estatísticos avançados e multivariados: Aplicação prática e interpretação.*(2nd ed.). Los Angeles, CA: Pyrczak.

Monahan, T. (2010). O futuro da segurança? Operações de vigilância em centros de fusão de segurança interna. *Justiça Social*, 37(2/3), 84-98.

Moore, M., & Braga, A. (2003). Measuring and improving police performance: The lessons of Compstat and its progeny. *Policing, 26*(3), 439-453. doi: 10.1108/13639510310489485

Nunn, S., & Quinet, K. (2002). Avaliação dos efeitos da tecnologia da informação no policiamento orientado para os problemas: If it doesn't fit, must we quit? *Evaluation Review,*

26(1), 81-108. doi: 10.1177/0193841X02026001004

Nuth, M. S. (2008). Tirar partido das novas tecnologias: A favor e contra o crime. Computer Law & Security Report 24(5), 437-446. doi: 10.1016/j.clsr.2008.07.003

O'Shea, T C., & Nicholls, J. K. (2002). *Crime analysis in America.* Center for public policy university of South Alabama. Recuperado de http://www.cops.usdoj.gov/files/RIC/Publications/CrimeAnalysis.pdf

O'Shea, T. C., & Nicholls, J. K. (2003). Police crime analysis: A survey of U.S. police departments with 100 or more sworn personnel. *Police Practice & Research, 4*(3), 233-255. doi:10.1080/1561426032000113852

O'Shea, T. C., Nicholls, J. K., Archer, J., Hughes, E., & Tatum, J. (2003). *Crime analysis in America: Findings and recommendations.* Washington, DC: Departamento de Justiça dos EUA.

Paulsen, D., & Robinson, M. (2009). *Crime mapping and special aspects of crime* (2nd ed.). Upper Saddle River, NJ: Prentice Hall.

Pavlick, T. (2013, maio). Um modelo para sistemas de controlo de missão de arquitetura aberta. Em *SPIE Arquitetura aberta / modelo de negócios aberto, sistemas centrados em rede e transformação de defesa.* doi: 10.1117 / 12.2019840;

Peak, K. J. (2009). *Policing America: Challenges and best practices.* Upper Saddle River, NJ: Prentice Hall.

Peterson, M. B. (1993). Os analistas nos anos 90: An IALEIA survey. *IALEIA Journal, 8*(1), 35-66.

Peterson, M. (2005). *Intelligence-led policing: The new intelligence architecture.* Departamento de Justiça dos EUA. Obtido em http://www.ncjrs. gov/pdffiles1/bja/210681.pdf

Phan, L., Fefferman, N., Hui, D., & Brugge, D. (2010). Impact of street crime on Boston Chinatown. *Local Environment, 15*(5), 481-491. doi: 10.1080/13549831003767273

Fórum de Investigação dos Quadros da Polícia (PERF) (2010). *Is the economic downturn fundamentally changing how we police?* Washington, DC: Autor.

Porter, C. E., & Donthu, N. (2006). Utilizar o modelo de aceitação da tecnologia para explicar como as atitudes determinam a utilização da Internet: The role of perceived access barriers and demographics. *Journal of Business Research, 59*(9), 999-1007. Doi: 10.1016/j.jbusres.2005.06.003

Prussel, D., & Lonsway, K. A. (2001). Recruiting women police officers. Law & Order, 49(7), 91-96.

Ratcliffe, J. (2002). Intelligence-led policing and the problems of turning rhetoric into practice. Policing & Society, 12(1), 53-66. doi: 10.1080/10439460290006673

Ratcliffe, J. (2006). A temporal constraint theory to explain opportunity-based spatial offending patterns. Journal of Research in Crime and Delinquency. 43(3), 261291. doi: 10.1177/0022427806286566

Ratcliffe, J. (2007). Integrated intelligence and crime analysis: Enhanced information management for law enforcement leaders. Washington, DC: Police Executive Research Forum. Recuperado de http://www.policefoundation.org

Ratcliffe, J. (2008). Intelligence-led policing. Portland, OR: Willan.

Ratcliffe, J. (2010). The spatial dependency of crime increase dispersion (A dependência espacial da dispersão do aumento do crime). Security Journal, 23(1), 18-36. doi: 10.1057/sj.2009.16

Ratcliffe, J., & Guidetti, R. (2008). State police investigative structure and the adoption of intelligence-led policing. Policing: An International Journal of Police Strategies & Management, 31(1), 109-128. doi: 10.1108/13639510810852602

Ratcliffe, J., Taniguchi, T., Groff, E., & Wood, J. (2011). A experiência da patrulha a pé de Filadélfia: A randomized controlled trial of police patrol effectiveness in violent crime hotspots. Criminology, 49(3), 795-831. doi: 10.1111/j.1745- 9125.2011.00240.x

Reuland, M. (1997). *Information Management and Crime Analysis: Practitioners' Recipes for Success.* Washington, DC: Police Executive Research Forum.

Risman, B. J. (1980). A experiência da patrulha preventiva de Kansas City: A continuing debate. Evaluation Review, 4(6), 802-808. doi: 10.1177/0193841X8000400605

Robey, D. (1979). User attitudes and management information system use. Academy of Management Journal, 22(3), 527-538. doi: 10.2307/255742

Santos, R. B. (2012). *Análise do crime com mapeamento do crime (3^{rrd}. ed).* Los Angele, CA: Sage.

Schmalleger, F. (2009). *Criminal justice in the 21st century* (10th ed.). Upper Saddle River, NJ:

Prentice Hall.

Schrier, T., Erdem, M., & Brewer, P. (2010). Fusão da adaptação tarefa-tecnologia e tecnologia

modelos de aceitação para avaliar o uso da tecnologia de capacitação do hóspede em hotéis. Journal of Hospitality and Tourism Technology, 1(3), 201-217.
doi:10.1108/17579881011078340

Schultz, D. (1968). Police operational intelligence. Springfield, IL: Thomas.

Schultz, R. L., & Slevin, D. P. (1975). Implementation and organizational validity: An empirical investigation. Em R. L. Schultz & D. P. Slevin (Eds.), Implementing operations research/management science (pp. 153-182). Nova Iorque, NY: American Elsevier.

Schweitzer, N. J., & Saks, M. J. (2006). CSI effect: A ficção popular sobre ciência forense afecta as expectativas do público sobre a ciência forense real. The Jurimetrics, 47, 357-364.

Serrao, S. (2009). Técnicas de partilha de informação: Colmatar as lacunas com tecnologia e análise. Law Enforcement Technology, 36(7), 58-60.

Sever, B., Garcia, V., & Tsiandi, A. (2008). A atenção dos departamentos de polícia municipal à análise criminal: Essencial ou impraticável? Police Practice and Research: An International Journal, 9(4), 323-340. doi: 10.1080/15614260802354643

Shane, J. M. (2010). Gestão do desempenho nas agências policiais: Um quadro concetual. Policing: An International Journal of Police Strategies & Management, 33(1), 6-29. doi:
10.1108/13639511011020575

Sherman, L. W., & Eck, J. E. (2002). Policiamento para a prevenção do crime. Em D. P. Farrington, D. MacKenzie, L. W. Sherman, & B. C. Wellsh (Eds.), Evidence-based crime prevention, (pp. 295-330). Londres, Inglaterra: Routledge.

Skogan, W., & Frydle, K. (2004). Fairness and effectiveness in policing: The evidence. Washington, DC: National Academies Press.

Skolnick, J. H., & Bayley, D. H. (1986). The new blue line: Police innovation in six American cities. Nova Iorque, NY: Free Press.

Swanson, C., Territo, L., & Taylor, R. W. (2011). Police administration structures, process, and behavior (8th ed.). Upper Saddle River, NJ: Prentice Hall.

Tabachnick, B. G., & Fidell, L. S. (2007). Experimental designs using ANOVA. Austrália: Thomson/Brooks/Cole.

Taylor, B., Kowalyk, A., & Boba, R., (2007). A integração da análise criminal nas agências de aplicação da lei: Um estudo exploratório sobre as percepções. Police Quarterly, 10(2), 154-169. doi: 10.1177/1098611107299393

Taylor, B., Santos, R. B., & Egge, J. (2011). A integração da análise criminal no trabalho de patrulha: A guidebook. Washington, DC: Departamento de Justiça dos EUA, Escritório de Serviços de Policiamento Orientado para a Comunidade.

Tehrani, J. A., & Mednick, S. A. (2002). Crime causation: Biological theories. Em J. Dressler (Ed.),

Encyclopedia of Crime and Justice (2ª ed.). 1, p. 292-302. New York: Macmillan Reference.

Theoharis, A., Poveda, T., Rosefeld, S., & Powers, R. (1999). O FBI: A comprehensive reference guide. Phoenix, AZ: The Oryx Press.

Thomson, B. (2005). A história do pátio da Escócia. Whitfish, MT: Kessinger.

Turk, A. T. (2002). Crime causation: Political theories. Em J. Dressler (Ed.), Encyclopedia of crime and justice (2nd ed.). (pp. 308-315). Nova Iorque, NY: Macmillan Reference.

Turvey, B. E. (Ed.). (2011). Criminal profiling: Uma introdução à análise de provas comportamentais (4th ed.). San Diego, CA: Elsevier.

Departamento de Justiça dos EUA. (2005). Mapping crime: Understanding hot spots. Washington D.C. Recuperado de http://www.ojp.usdoj.gov/nij

Venkatesh, V., & Morris, M. G. (2000). Porque é que os homens nunca param para pedir indicações? Gender, social influence, and their role in technology acceptance and usage behavior. MIS Quarterly, 24(1), 115-139.

Vila, B., & Morris, C. (Eds.). (1999). O papel da polícia na sociedade americana: A documentary history. Westport, CT: Greenwood Press.

Vincent, G. (1904). The laws of Hammurabi. American Journal of Sociology 9(6), 737754.

Walker, S., & Katz, C. M. (2012). The *police in America [A polícia na América]*. New York City, NY: McGraw- Hill.

Weisburd, D., & Eck, J. E. (2004). What can police do to reduce crime, disorder, and fear? *The Annals of the American Academy of Political and Social Science, 593*(1), 42-65. doi: 10.1177/0002716203262548

Williams, S. R., & Aasheim, C. (2005). Information technology in the practice of law enforcement. *Journal of Cases on Information Technology, 7*(1), 71-91. doi: 10.4018/jcit.2005010105

Willis, J. J., Mastrofski, S. D., & Weisburd, D. (2004). COMPSTAT e burocracia: Um estudo de caso sobre desafios e oportunidades de mudança. Justice Quarterly, 21(3), 463-496. doi:10.1080/07418820400095871

Willis, J. J., Weisburd, D., & Mastrofski, S. D. (2003). Compstat na prática: An in-depth analysis of three cities. Washington, DC: Police Foundation.

Wilson, J. Q. (1968). Varieties of police behavior. Cambridge, MA: Harvard University Press.

Wilson, J. M., & Heinonen, J. A. (2012). Police workforce structures cohorts, the economy, and organizational performance. Police Quarterly, 15(3), 283-307. doi: 10.1177/1098611112456691

Witt, R., & Witte, A. D. (2002). Crime causation: Teorias económicas. Em J. Dressler (Ed.), Encyclopedia of Crime and Justice (2ª ed.) (pp. 302-308). Nova Iorque, NY: Macmillan Reference.

Woods, M. (1999). Análise de crime: uma ferramenta chave em qualquer estratégia de redução de crime. *Chefe* de Polícia, 66(4), 17-32.

Yalcinkaya, R. (2007). *Adoção da tecnologia da informação pelos agentes da polícia: Um estudo de caso do sistema POLNET turco.* (Dissertação de doutoramento) Obtido em http://nsl.cse.unt.edu/~dantu/cae/attachments/yalcinkayadissertation.pdf

Yarbrough, A. K., & Smith, T. B. (2007). Technology Acceptance among Physicians A New Take on TAM. *Medical Care Research and Review,* 64(6), 650-672.

APÊNDICE

INQUÉRITO POLICIAL AOS ANALISTAS/ANÁLISES CRIMINAIS

OBJECTIVO DO INQUÉRITO

De Perceived usefulness, perceived ease of use, and user acceptance of information technology por Davis, F. D. (1989), MIS Quarterly, 13(3), 319-340. Copyright 1986 por Fred D. Davis. Adaptado com permissão.

O objetivo deste inquérito é examinar as percepções que os agentes da polícia têm dos analistas criminais. Os resultados deste inquérito fornecerão aos administradores da polícia dados que podem ser utilizados em questões de política e de tomada de decisão, incluindo formação, integração de pessoal e práticas de emprego da organização.

Este inquérito deve demorar cerca de 15 minutos a ser concluído. As suas respostas serão anónimas e mantidas confidenciais. Os resultados da recolha de dados serão comunicados de forma agregada e a sua identidade não será revelada. Além disso, não será feita qualquer tentativa de identificar o nome de qualquer participante ou de estabelecer um contacto de acompanhamento.

A sua contribuição para este projeto tão importante é muito apreciada. Por favor, dirija quaisquer perguntas ou comentários a Eugene Matthews empolice.intel@gmail.com ou envie uma mensagem de texto para (573) 340-9956.

1. Qual é a sua idade? ______

2. Qual é o seu género? □ Feminino □ Masculino

3. Há quantos anos é agente da polícia? _____________________________

4. Qual é o nível de ensino mais elevado que completou? □ Ensino Secundário □ Grau de Associado □ Alguns anos de faculdade que não resultaram num grau □ Grau de Bacharelato □ Cursos ou graus para além do grau de Bacharelato

Nas perguntas que se seguem, identifique em que medida concorda com as seguintes afirmações, selecionando a opção que melhor reflecte a sua atitude quanto à utilidade dos analistas criminais. As suas escolhas vão de (discordo totalmente) a (concordo totalmente).

Itens da escala inicial para a utilidade percebida

1. O meu trabalho seria difícil de realizar sem os analistas criminais.
2. O recurso a analistas criminais permite-me ter um maior controlo sobre o meu trabalho.
3. A utilização de analistas criminais melhora o meu desempenho profissional.
4. Os analistas criminais respondem às minhas necessidades profissionais.

5. A utilização de analistas criminais poupa-me tempo.
6. Os analistas do crime permitem-me realizar tarefas mais rapidamente.

7. Os analistas criminais apoiam aspectos críticos do meu trabalho.
8. O recurso a analistas criminais permite-me realizar mais trabalho do que seria possível de outra forma.
9. A utilização de analistas criminais reduz o tempo que gasto em actividades improdutivas.
10. A utilização de analistas criminais aumenta a minha eficácia no trabalho.
11. A utilização de analistas criminais melhora a qualidade do trabalho que faço.
12. A utilização de analistas criminais aumenta a minha produtividade.
13. A utilização de analistas criminais facilita o meu trabalho.
14. De um modo geral, considero os analistas criminais úteis no meu trabalho.
Nas perguntas seguintes, identifique em que medida concorda com as seguintes afirmações, selecionando a opção que melhor reflecte a sua atitude quanto à facilidade de utilização dos analistas criminais. As suas escolhas vão de (discordo totalmente) a (concordo totalmente).

Itens da escala inicial para a perceção da facilidade de utilização
1. Fico muitas vezes confuso quando utilizo analistas criminais.
2. Cometo erros frequentemente quando utilizo analistas criminais.
3. A interação com os analistas criminais é muitas vezes frustrante.
4. Tenho de consultar frequentemente os regulamentos quando utilizo analistas criminais.
5. A interação com os analistas criminais exige muito do meu esforço mental.
6. Considero que é fácil recuperar de erros encontrados durante a utilização de analistas criminais.
7. Os analistas criminais são rígidos e inflexíveis na sua interação.
8. É fácil conseguir que os analistas criminais façam o que eu quero.
9. Os analistas criminais comportam-se muitas vezes de forma inesperada.
10. Considero incómoda a utilização dos analistas criminais.
11. A minha interação com os analistas criminais é fácil de compreender.
12. É fácil para mim lembrar-me de como executar tarefas utilizando analistas criminais.
13. Os analistas criminais fornecem orientações úteis para a execução das tarefas.
14. De um modo geral, considero os analistas criminais fáceis de utilizar.

Comentários: No espaço fornecido, forneça quaisquer comentários adicionais que tenha sobre os analistas criminais ou sobre este inquérito.

Obrigado por participar no inquérito!

Printed by Books on Demand GmbH, Norderstedt / Germany